天工文质

严克勤 —— 著

明式家具

美器之道说略

江苏凤凰文艺出版社
JIANGSU PHOENIX LITERATURE AND
ART PUBLISHING, LTD

目　录

四出头弯材官帽椅

　　近代以来明式家具的研究和收藏，最初是由海外人士所推动的，1944 年，德国人艾克先生出版了第一部关于明式家具的专著《中国花梨家具图考》。在国内掀起波澜的是王世襄先生的专著《明家具珍萃》，该书 1984 年由香港三联书店出版后，这一领域的研究开始成为"显学"。

引言：美器，从一张官帽椅说起

认识明式家具可以从官帽椅说起。所谓官帽椅，是以其造型酷似古代官员的官帽而得名，在历年的考古发现中，明代官帽椅的身影不时闪现。上海博物馆曾展出潘允徵墓出土的家具明器。潘允徵（1534～1589），明嘉靖至万历时人，光禄寺掌醢署监事，从八品。其墓1960年8月在上海肇嘉浜路发掘出土。墓中随葬了一批木雕俑和一套珍贵的家具模型，为榉木制作的明式家具，品类较多，其中有一对高背南官帽椅尤其典型。苏州博物馆曾展出王锡爵夫妇墓出土的文物，其中有一整套的明代家具（陪葬小型家具）最为经典，其中一张四出头官帽椅尤为引人注目，其尺寸之大，形制之规整，用工之考究，充分反映了墓主人的显赫身份与地位。王锡爵（1534～1614）字元驭，号荆石，明南直隶太仓（今属江苏）人。万历十二年至十八年（1584～1590）任礼部尚书兼文渊阁大学士；万历二十一年至二十二年（1593～1594）任武英殿、建极殿大学士。卒后，赠太保，谥文肃，赐葬，敕建专祠。上述两个墓葬出土的官帽椅集中呈现了明式家具的形制、结构和工艺等基本特征，是明式家具中的典范之作。

家具，即家庭器具。指在生活、工作或社会实践中供人们坐、卧或支撑与贮存物品的一类器具。自商周开始出现贸易活动，商业经济逐步发展，手工业种类及分工不断细化，号称"百工"。《考工记·总序》记载："国有六职，百工与居一焉。……审曲面势，以饬五材，以辨民器，谓之百工。"《论语·子张》亦称："百工居肆，以成其事。"百工之中，有专门从事竹木加工的手工业者，这为早期家具的出现创造了条件。据《中国传统家具发展史》记载，在公元前 2000 至公元前 1900 年的新石器时代（山西襄汾县陶寺村新石器时代晚期遗址）就从随葬品的挖掘中辨认和发现了木制长方平盘、案等，这是我国早期家具的雏形。但是，在远古时期，尚未确定有真正意义上的家具。人们的生活方式基本上是席地而坐。《礼记·祭统》曰："设之曰筵，坐之曰席。"在其他古籍中筵与席为一物。在早期，席是供人们坐卧两用的。从战国时期到东汉，人们的起居方式仍以席地而坐为主，但几及低矮型床榻开始出现了，这从东汉画像石的图案中可以得到印证。直到公元 3 至 6 世纪之间，"灵帝好胡服、胡帐、胡床、胡坐、胡饭……京都贵戚皆竞为之"。（《后汉书·五行》）新的习尚由西域而来，席地而坐的生活方式开始出现转折，交杌及凳子和靠背椅应运而生。禅椅亦不限于佛门，民间及宫廷也普遍使用。这些都可以看做是早期的家具。

西晋至南北朝时期，佛教在中国流行，西域异族文化与中原汉族文化得到了大融合大发展，为后继的隋唐文化

素南官帽椅

的繁荣注入了新的活力。家具已为不少人使用，席地而坐的习惯改变了。从宋到元，垂足而坐基本上取代席地而坐，各种家具迅速发展，垂足高坐便成为时尚。社会经济文化的发展，促进家具制作进入了重要的发展空间，家具进入高速发展期。达官贵人营造府邸、建造园林蔚然成风，与之相配套的家具业也得到充分发展。到了明清时期，传统家具进入鼎盛时期。尤其是明代社会经济繁荣，市镇各类经济竞相发展，工匠从业人员与日俱增，家具制作从单件到成套，品类繁多。又因明代文人参与设计及审美观念的影响，家具制作更加典雅精致。加上海洋贸易兴起，硬木材质源源不断进入中国，家具设计和生产进入前所未有的高度，明式家具在当时的文化经济发展的历史背景下形成了自己的基本特质，典雅端庄，简约大方，工艺精湛、结构合理、比例适当，线条流畅，文雅素逸。使中国传统家具制作达到登峰造极的程度，形成了举世瞩目的明式家具。

开头提到的官帽椅就是明式家具中的一个经典样式。在漫长的历史文化演绎进程中，中国特有的家居文化也逐渐形成，比如官帽椅的形制早在宋代就已经基本定型。我曾有塞外行，对河北张家口、蔚州、宣化和山西大同等地的历史文化遗迹作参观考察，大开眼界。辽代壁画墓群位于宣化城西下八里村北（这里经考古发现的彩色壁画因艺术水准和历史价值高引起广泛关注，曾列入 1993 年国内十大考古发现之一）。杨泓《美术考古半世纪——中国美术考古发现史》记述，"1989 年在宣化下八里村发掘的辽墓和金墓中都有木家具出土，在第三号墓（金墓）中，棺床前放有木桌，在桌的两侧各放一木椅，桌上摆列瓷、漆等质料的饮食用具，此外还有木盆架、衣架、镜架等物。木桌长 98 厘米、宽 60 厘米、高 40 厘米。木椅足残，连靠背残高 80 厘米，椅面边长 44 厘米。"我在当地文化部门朋友陪同下进入一号墓，也就是辽代张世卿的墓室观看，其壁画保存基本完好，壁画内容反映墓主人生前的生活状况，生动有趣。我还在宣化博物馆看到其他墓主如张匡正墓室壁画中的《茶道图》《弹唱图》等所展现的条案、方桌、靠背椅等，几乎与宋代家具在形制上没有太大差别。接着，又在大同市博物馆看到了辽代出土的家具陪葬品模型，如金代大同阎德源墓出土的家具陪葬品，其形制结构已与当时的南宋家具基本相近。由于古代宣化、大同都属代郡，所以两地发现的辽金古墓出土的家具陪葬品情况在脉络上十分清晰。北京匡时公司 2017 年春拍的一幅宋人《大慧宗杲自赞像》引起业界的关注。一般国内外博物馆所藏的同类画上的赞语多为他人题写，这是当下书画流通市场上仅有的一件禅师自赞像。成画的年代为北宋末南宋初，代表着当时肖像绘画最高的艺术水准。尤其令人惊叹的是画中禅师的座椅与明代四出头官帽椅相似，其款式和制作水准已达到相当高的水平。由此可见，隋唐以后，特别到了宋辽金时期，高型家具已经普及到一般家庭，如高足床、高足椅、凳等，人们逐渐从席地而坐转向了垂足而坐的生活方式。到了元代，高足家具得到充分发展，明代更是进入家具成熟和完美的鼎盛时期。

我们从古墓遗存及古籍插图、古装戏剧中大体可一窥宋代椅子的基本造型，犹如宋代"官帽"后高前低的形制，从侧面看与官帽的样子非常相似，官帽椅的说法由此产生。官帽椅分南官帽椅和四出头式官帽椅两种。所谓四出头，实质就是靠背椅子的搭脑两端、左右扶手的前端出头，背板多为S型，而且多用一块整板制成；南官帽椅的特点是在椅背立柱和搭脑相接处做出软圆角，由立柱作榫头，横梁作榫窝的烟袋锅式做法。椅背有使用一整板做成S形，也有采用边框镶板做法，雕有图案，美观大方。官帽椅主要由座面、扶手、搭脑与靠背板组成，当人坐在官帽椅上时，重量从腿部和足部转移到臀部和股部，同时重量也分布到臂部和头部。从正侧面看，官帽椅的搭脑与靠背板组成S型，与人体的脊椎曲线基本相同，搭脑对应颈椎，靠背板则对应胸椎与腰椎，而且搭脑顶端的弧面也与头部的枕骨对应。当人体坐下且人的骨盆与脊椎失去直立状态时，头部的重力可通过颈椎与枕骨分散到搭脑上，胸椎与腰椎也能依托于靠背板的曲面而得到放松。这一绝妙设计反映了人类肢体的形态特征与基本需求，各个构件以及它们之间的构成关系不仅充分反映了人类坐的行为需要，更实现了坐的舒适与健康。

官帽椅又有出头和不出头之分，不出头的官帽椅就是南官帽椅，是因为它在南方使用得比较多的缘故。而南方的工匠又称其为文椅。在文椅中又有一种靠背较高的被称为高背文椅。造型特点主要是在椅背立柱与搭头的衔接处做出软圆角。多为花梨木制作，而且大多用圆材，给人以圆浑、优美的感觉。古代官帽式样很多，常见的如明王圻《三才图会》中附有图饰的幞头。幞头有展脚、交角之分，但无论哪一种，都是前低后高，显然分成两部。如果拿当时的官帽椅与之相比，尤其是从椅子的侧面来看，那么扶手略如帽子的前部，椅背略如帽子的后部，二者有几分相似。也有人认为椅子的搭脑两端出头，像官帽的展脚（俗称"纱帽翅"）。

对于官帽椅的由来，有多重解读，业界并无定论，最初是否由上层官僚机构指定设计这种官帽形式的座椅，并无实据可用来佐证，想来可能性也不大；那么就是先有此类椅，而后想象其形而命名之，且被众人认同而广之也，这比较有可能。至于官帽椅的"南北"之分，也决非先有其名而后创作，四出头官帽椅和南官帽椅除了视觉感官之审美不同外，从使用功能的角度分析，其实并无太大区别。所谓南、北之论，这与董其昌论画，分南北宗同，北实为刚，南意为柔，但并非"北宗"就一定是北方人画，唐寅是南人而擅长北画，就是一例。同理，官帽椅之北，为刚；官帽椅之南为柔，均符合十六品之说。至于，"南北"之说，源自何代何人何文献记载，倒显得没有那么紧要了。

另外，还有一些说法，明式家具中的官帽椅受宋代官帽造型的影响，其文化内涵自然也和宋朝的官场南北文化有很大关系。所谓四出头官帽椅，谐音为"仕出头"；所谓南官帽椅，谐音为"难出头"。在古代的政治版图中，北方历来是华夏政治文化的中心，南方多为流放贬谪之地，被贬斥于此的官员很难起复，多是闷闷不乐地在当地卸任或终老。宋代亦如此，南方地区此类形制的椅子多不出头，谐音"难出头"，称为南官帽椅；而北方地区的多是"京官"，在天子脚下，升迁机率更高，薪俸更多，又因"四出头"与"仕出头"谐音，因此就用了四出头形制，

四出头大官帽椅

称为四出头官帽椅。其实，还有人认为南官帽椅相较于四出头官帽椅，更加含蓄内敛，不事张扬，烟袋锅藏锋于圆润处，搭脑蜿蜒盘转内蕴傲骨，含而不露传递着江南文人含蓄不张扬的审美取向。它内敛而舒畅，无处不圆润通达；它简约却华美，将人文情怀与自然韵律完美结合；它秀美却不艳俗，灵动而不失稳健；它如谦谦君子，温和的外表下暗含不羁和高傲！

我们试以几例作品来领略其中奥妙。

如榉木四出头官帽椅（座面 71×58 厘米、座高 31.5 厘米、通高 77 厘米），乍看起来非常普通，因为在江南地区用榉木做家具很普遍且历史悠久，但细看之下，这是一件非常典型的四出头官帽椅，线条有力流畅，结构简洁，榉木宝塔纹纹理清楚，做工精致。椅背与扶手一气呵成，搭脑稍厚并与两头形成波浪形曲线，流畅优美。独板靠背刻有圆形云纹浮雕，生动祥和，加上设计巧妙的侧脚略带稳重，有圆满的整体感。前面扶手下曲挺的角牙柔和曼长，轮廓美好，宛若滑落的流水。而下方支撑踏脚枨子的牙条则采用向上逆冲的轮廓线，二者走势互异，造成巧妙的平衡，增加了趣味和呼应感。官帽椅座下的弓形牙子轮廓简明、圆润柔和，刚柔并依。从侧面看，椅靠背的弯曲线型宛若人体自臀部到颈部的一段曲线，既符合人体实际功用的需求，又尽显椅子柔美婉转的曲线美和榉木宝塔纹肌理的线条美，相互映照，锦上添花，似乎更具有了弹性和柔韧感。

又如黄花梨南官帽椅（长57厘米，宽43厘米，高88.6厘米）搭脑与扶手均不出头。椅用圆材做成，三弯靠背板上有浮雕花纹一朵，搭脑与扶手以"挖烟袋窝榫"和后腿上截与前腿上截连接，一木连做。椅盘下的素牙子，采用微微下垂"洼堂肚"式。此外，还有一个特点，其扶手后部较高，能达到与圈椅异曲同工的效果，使坐者不仅肘部有所依托，且腋下一段臂膀也得到相应的支承。此椅为美国加州中国古典家具博物馆旧藏，属典型的矮南官帽椅基本式。

不管是"四出头"还是南官帽椅，官帽椅的座面都以平直为主，大部分座面除木板外，也有竹、藤、棕等编织而成的软性座屉。这类座屉细密透气，在受压后能随人体的曲线自然下凹，以减轻座面对臀部与股部的挤压，使人久坐而不腿麻。官帽椅的靠背板与座面多呈直角关系，人只能正襟端坐，这样有利于养成良好坐姿。良好坐姿有益于精气神的提振和注意力的集中，还可达到预防颈和背疼痛的目的。而且，良好的坐姿能使呼吸通畅，比较容易让浮躁的心情平静下来，能很好地体现人的精神风貌与内在气质。在古典家具中，官帽椅以其高大、简约、线条流畅而引人注目，虽然它的椅面、腿等下部结构都是以直线为主，但是上部椅背、搭脑、扶手乃至竖枨、鹅脖都充满了弧形的灵动气息，体现天圆地方的理念，代表"天行健，君子自强不息"的精神诉求，也起到了礼教的作用。几百年来如潺潺流水缓缓地流淌，端庄、大气，不管在古在今，在厅堂还是在书房，从容坐镇，安定祥和。

在宋人看来，北方的官帽椅相比南官帽椅，有高人一等、出人一头的含义，因为旧时中国政治、经济中心在北方。当然，南宋以降，特别是经过元、明、清时期，随着南方政治、经济的发展，这些含义弱化了许多。官帽椅也不再搞"南北歧视"了。在《论语·子张》中，有句话被历代读书人奉为至理名言："仕而优则学，学而优则仕"。学优则仕有两种解释，一种是指学有余力时，就要参加社会实践，以检验所学的知识是否合乎实际需要；另一种解释是学习好了，有了真才实学，就可以做官以便更好地推行仁道。这两种解释不论哪一种，都完全符合中国古典家具官帽椅的人文内涵。所以，不论是四出头官帽椅还是南官帽椅，只要是正规场合，坐者一落座必得正襟危坐，官者坐出威严，读书人则坐出儒雅和书卷气，寄寓其中的则是读书人"学而优则仕"，兼济天下、以礼待人的精神愿望。其实，中国读书人第一等事就是仕途，不论在位在野，他们都以天下为己任。"先天下之忧而忧，后天下之乐而乐。居庙堂之高，则忧其民；处江湖之远，则忧其君。"（《岳阳楼记》）这是范仲淹内心超越个人忧乐的人格追求。

宋元之后，随着经济和文化的发展繁荣，加上政治环境的日益严酷，士大夫文化开始滋生并蔓延，追慕林泉之隐、提倡闲适文化成为时尚，相对四出头官帽椅，人们更喜欢南官帽椅，其柔和雅致与低调奢华的特性更适合坐者的心态。据张廷济《清仪阁杂咏》记载，"周公瑕坐具，紫檀木，通高三尺二寸，纵一尺三寸，横一尺五寸八分，倚板镌：无事此静坐，一日如两日，若活七十年，便是百四十。戊辰冬日周天球书。印二，一曰周公瑕氏，一曰止园居士。"据考，官帽椅上所镌的这段话出自苏轼《司命宫杨道士息轩》："无事此静坐，一日似两日。若活七十年，便是百四十。黄金几时成，白发日夜出。开眼三千秋，速如驹过隙。是故东坡老，贵汝一念息。时来登此轩，目送过海席。家山归未能，题诗寄屋壁"。"无事此静坐，一日当两日"，东坡在这里强调的"静"字，是融汇了儒释道思想情怀的一种大境界。东坡一生仕途坎坷不顺，算得上是"颠沛流离"了，但他却很欣赏其友人侍妾柔奴的一句话："此心安处，便是吾乡。"他还为此作《南乡子》一词以记，由此可知他对于这种"静"的境界颇为心仪，这种静，是心静，平和而安然，闲观花开花落，漫看云卷云舒。周天球将苏轼的诗句镌刻于椅子上，一是表达对东坡的敬仰，二是寄托其超凡脱俗的情怀，时时日日提醒自己，闲时沉下心来，暂时摆脱琐事烦忧，只是这么静静地坐着，反省思量、滤心涤尘，以达到修身养性的目的。人只要能真正做到放下，日积月累就一定会有所顿悟。

文人往往在官帽椅的椅背上嵌刻上字画，尽情挥写，这是在认知自然审美的基础上，赋予家具以人文关怀与追求。他们不满足于纸张上的挥洒，而要为难自己，创造更高的艺术形态和理想世界，以此来宣泄文人的才情。据美国学者埃利华斯编的《中国家具》记载，明代祝允明、文徵明、董其昌都先后在官帽椅上题文。董其昌的题文是："公退之暇，披鹤氅衣，戴华阳巾，手执《周易》一卷，焚香默坐，消遣世虑。江山之外，第见风帆沙鸟，烟云竹书而已。"文徵明所题是："门无剥啄，松影参差，禽声上下，煮苦茗啜之，弄笔窗间，随大小作数十字，展所藏法帖笔迹画卷纵观之。"祝允明题文为："是日也，天朗气清，惠风和畅，仰观宇宙之大，俯察品类之盛，所以游目骋怀，足以极视听之娱，信可乐也。夫人之相与，俯仰一世，或取诸怀抱，悟言一室之内，或因寄所托，放浪形骸之外，虽取舍万殊，静躁不同，当其欣于所遇，暂得于己，快然自足"。（此文摘自《兰亭集序》，落款为"丙戌十月望日书，枝山樵人祝允明"）可见，历来不得志的文人墨客不是苦闷忧虑，牢骚不断，就是愤世嫉俗，遁隐终老。而非得以"静"的方式应对失意的生活，否则不得从这困顿里抽身，由这桎梏中解脱出来。也正因为如此，他才得以寻到精神的升华，于逆境中看出水阔天高，风光霁月，泰然自得。

明式家具历来为海内外学者所推崇，但论者众说纷纭，各执一词，比较确切的表述是王世襄先生和郑欣淼先生的论断。录之为据："明式家具"一词，有广、狭二义。其广义不仅包括凡是制于明代的家具，也不论是一般杂木制的、民间日用的，还是贵重木材、精雕细刻的，皆可归入；就是近现代制品，只要具有明代风格，均可称为明式家具。其狭义则指明至清前期材美工良、造型优美的家具。这一时期，尤其是从明代嘉靖、万历到清代康熙、雍正（1522—1735）这两百多年间的制品，不论从数量来看，还是从艺术价值来看，称之为传统家具的黄金时代是当之无愧的。（王世襄编著《明式家具研究》第一章明式家具的时代背景和制造地区）"明代家具可以说是中国家具史上最辉煌的一页，明代后期，除漆木家具普遍使用外，社会上开始崇尚硬木家具，人们开始追寻古朴之风。明人范濂在《云间据目抄》中记载：'隆万（隆庆、万历，明穆宗、神宗年号，1567—1620）以来，虽奴隶快甲之家皆用细器。'从这条史料可知，使用硬木家具之风蔚然兴起，争购细木家具已成为当时的时尚。在明代有大量文人热衷于家具的设计和制作，给明式家具平添了更多的文人审美情趣。他们把中国传统家具历史和艺术融会贯通，并把美学、力学、哲学、人体工程学以及礼教等文化融入到家具制作中，赋予了家具更深、更大、更美的文化内涵，使家具更富有文化气息。明式家具的简约、古雅、空灵，柔婉而不失厚重，以及方正的造型、匀称的比例，被后世研究学者尊为'实用的美学理念'。在装饰方面，明式家具一般都较为简约，或干脆不加装饰，或者是多取材于自然界的植物、动物、风景题材和带有吉祥寓意的图案，总体上给人以简洁明快、素雅大方之感。"（原故宫博物院院长郑欣淼《永恒的明式家具·〈前言〉》）两者互为印证和补充，较为完整地明确了"明式家具"所涵盖的范畴。

"明式家具"作为一专业名称，一般指的是以硬木制作、素雅简练、做工精良，跨越明代至清代前期，具有鲜明的明代风格、形制特质、人文内涵和审美价值的家具。对此，明式家具研究的前辈们在家具的类型、结构、工艺、审美等方面均有建树。明式家具可谓是功能与艺术、形制和内容完美统一的美器。本书范围主要阐述关于明式家具的发展简史、功能特质和审美价值等诸方面，试图对明式家具美器之道做一番梳理与阐述。

我们从明式家具中的官帽椅说起，大致可窥察领略明式家具的堂奥，其工艺之考究，文化之厚实，及其中蕴含的与时代风尚相关的丰富信息，都足以让人神往。中国古代士大夫的气概在于：进则取之天下，指点江山；退则守拙田园，闲云野鹤。一具官帽椅，代表着儒雅和权威，它看起来是一把椅子，却与士人的命运紧密相连，是官场与文场结合的并蒂莲花，它不是什么人都可以随便坐的，只有当那些苦读经年的读书人博取功名之后，在士林官场中占据了一席之地，才配得上官帽椅。由此，从某种意义上说，明式家具形成和发展，也是伴随社会经济文化的发展而不断改进完善，使之更加精湛精美，成为中国家具当之无愧的美器。

正襟危坐、君子之风

　　明朝初年，处于权力顶端的帝王就着手建立金字塔式的国家管理体系，精心设计了一套复杂的管理机构。这套机构以原来旧制度为基础，混合了新王朝的新元素，形成了包括政治法典、文化教育、礼仪礼教等在内的区分明晰又相互关联的制度体系。从明太祖奠定国家基业、明成祖积极开拓，再到明仁宗、宣宗的守成，明朝的国势臻于全盛。可以这样说，明洪永熙宣之治，是继西汉文景、汉武之治，唐代贞观、开元之治之后的又一个盛世。特别是明成祖朱棣（1402—1424 在位）登基之后，在经济、文化、吏治、外交等方面均有建树，为国家发展奠定基础。他派郑和七下西洋；他颁令纂修《永乐大典》，召集两千多名学者耗时四年完成。明式家具的形成发展正是在明代的鼎盛时期，它的审美理念、制作工艺、市场贸易、使用规范，和官僚机构与世俗社会的认同等等，无不受到这一制度体系的影响。笔者在引言中举例的官帽椅的经典样式就是明代社会等级与教化的代表，充分反映了那个社会严格的思想与统治秩序，一具坐椅中也映射出这个社会制度所倡导的所谓正襟危坐的君子之风。

　　在夏、商、周三代，人们多是席地而坐，用篾编成席，筵作铺垫。其间，也出现了床的记载。如《战国策·齐策》所云："孟尝君出行五国，至楚，楚献象床。"至汉，"床"使用得更加广泛，用于载人者皆称床。汉代刘熙《释名·床篇》云："床，装也，所以自装载也"，"人所坐卧曰床"。西汉后，又出现了称为"榻"的坐具。从出土的大量汉墓画像砖、画像石和汉墓壁画中，发现了不少反映人们生活各层面使用的榻、案、几等家具。

绘画鼻祖，无锡人顾恺之所画的《女史箴图》和《洛神赋图卷》中就有坐榻、大床、折屏和曲足案，表现极为丰富、完整。隋唐五代时期家具所表现出来的等级和使用范围更加广泛。五代顾闳中《韩熙载夜宴图》、周文矩《重屏会棋图》（北京故宫博物院藏），画中主要人物垂足而坐，与围绕他的其他人不同姿态所形成的主仆关系一目了然。

上海人民出版社《敦煌石窟全集二十五卷·民俗画卷》中，第43页26号图肉坊壁画所表现的门前设两张肉案。第66页49号图所表现的宅内设置正房，炕上放有小炕桌，是当时民间家具的写照。三人盘腿而坐，促膝交谈，屋内墙壁装饰有屏风画。50号图表现的是坐卧家具，此画右侧上下均是床，左侧上是榻，榻的靠背上搭挂衣物，左下为椅，一僧人正在椅上禅坐。可见，隋唐时席地坐与垂足坐是并存的，但凳、床、榻、椅等家具已发展起来。

宋扬　《长物绘·莲华心地》101cm×71cm 2018 年

从宋代的绘画中也可以看到家具的发展完全不同于前朝历代，中国传统家具在造型、结构上基本定型。我们从宋代的绘画中可看出家具在各个方面的展现，领略当时社会各阶层生活的多样性，以及家具形制、家具功用的多样性，了解当时人们社会生活方方面面具体生动的细节。如宋徽宗的《听琴图》中出现的琴桌和高几，北宋画家张择端的《清明上河图》中描写的市井店铺家具等等。从帝王将相、闲人雅士到市井平民，家具都与特定人群的特定生活紧紧相连。

宋代家具实物极为少见，我们也只能从宋代的绘画作品和墓室壁画中略见其样貌。上世纪八十年代，无锡市所辖的江阴北宋"瑞昌县君"孙四娘子墓出土杉木一桌一椅。其工艺考究，桌面之框已采用 45 度格角榫连接，框内有托挡两根，用闷榫连接，桌面上下前后均饰牙角。这与宋代出现的《营造法式》等著作一样，反映了宋人在技术工艺和艺术表现上的理性精湛，体现了宋代科技、文化、艺术所达到的历史高度。随着社会经济、文化的发展，家具在工艺、造型、结构、装饰等方面日臻成熟，至明代则大放光彩，进入一个辉煌时期。明代家具，就是在这样的历史文化、社会经济、民间工艺的历史背景中发展成熟并走向高峰的。

　　明式家具的生产制作虽不局限于一地一隅，但公认以苏式家具为正宗。明代以来，以苏州为中心的江南地区，经济繁盛，人文荟萃，文人雅士的积极倡导和广泛参与，众多能工巧匠的精工细作和潜心打磨，加之钟天地之灵秀，聚人文之精华，在一案一几、一桌一椅中，呈现出超乎其本身的文化意蕴和精神内涵，充分体现了实用与审美的统一，代表了家具制作工艺上的最高水平。明式家具融汇用料考究、形制简练、工艺精湛、韵味独具等特质，在抉发木材肌理天然之美的同时，把人力的智慧和创造展现到极致。材质与形制在最高的层面上和谐交融，形神合一，简约空灵，浑然天成，散发着饱含岁月质感的迷人光泽。

　　明初，社会生产力得到恢复，农业和手工业相应发展。从嘉靖到万历年间，明代商品经济和工商业空前繁荣，手工业也得到了长足的进步，工匠从"工奴"中解脱出来而更加自由地从事手工业活动，《天工开物》《园冶》《髹饰录》《鲁班经》等著作都是这一时期手工艺艺术和工匠实践经验的如实记录，在这一时期家具制作也得到空前的发展。随着商品经济生产的发展和市民阶层生活情趣的要求，民间工艺美术也有了新的发展。吉祥如意图案在民间普遍流行，上层达官贵人推波助澜，特别是"缠枝花纹"和"夔龙图案"，严谨工整，华丽优美。在工艺装饰上，也形成了一定的规格，所有这些都在明代家具的装饰风格、造型艺术、工艺构造上得到充分的体现。

明代家具制作的重镇苏州，是当时全国手工业最密集的地区。《吴县志》载："苏州城中，西较东为喧闹，居民大半工技。"从事制造等各行业的工匠不计其数，其生产的产品品种繁多，工艺精良，盖全国之冠。时傅《埭川识往》云："吴中人才之盛，实甲天下，至于百工技艺之巧，亦他处不及。"除吴中之外，江南各地也都有名人高匠，传扬四方。

手工业的充分发展、民间工艺美术的繁荣、江南各地名匠名品佳作的流传，客观上伴随着当时都市经济的繁荣、社会财富的集聚、市民阶层和达官贵人消费水平的提高，推动了奢靡之风的盛行。至明后期，"不论富贵贫贱，在乡在城，男人俱是轻裘，女人俱是锦绣，货物愈贵而服饰者愈多"（钱泳《履园丛话·臆论》）。苏州等地出现"富贵争盛、贫民尤效"的风气。这不仅仅体现在服饰上，当时的婚嫁习俗、家庭摆设对家具提出了新的要求，到了"既期贵重，又求精工"的地步。除以当地榉木制作外，纷纷启用花梨、紫檀、乌木等优质硬木加以精工细作。特别需要指出的是，这一时期唐寅、李渔等文人骚客纷纷加入家具的设计、风格的研讨、样式的推广，特别将个性化的艺术思想融化到具体的器具之中，使得那时文人的思想、艺术和独特的审美观都得到了充分的体现，同时，也使明式家具制作达到了出神入化的境界。简约质朴的明式家具，飘逸中内含风骨；硬朗中略带温润。其流畅的线条、简练的造型所蕴含的儒雅风韵和人文气质，精美绝伦。这都是与那时代文人墨客的参与分不开的。

在旧志中称"唯夫奢侈之习，未能尽革"的苏州，在公元十五至十七世纪出现了美轮美奂的明式家具，使中国古典家具在特定时代的经济、文化的影响下，更由于文人的直接加入，产生了其特有的艺术品位和价值。它们作为一种文化载体，所表达的正是那个时代文人的思想、意趣和审美理想，折射出当时社会的五光十色。也正是由于这些多元化元素的融入，使得平常器具的制作更趋向艺术作品的铸炼。明式家具之所以有这样辉煌的艺术成就，有如此众多的"神品"、"妙品"，这与当时文人的参与是绝对分不开的。

然而，文人为何钟情于家具，使之从普通的实用器具上升到艺术范畴；同样，在文人的参与中，又如何在这些实用器具中展现文人的精神理想世界，这将是值得我们探讨的问题。在这里，我们首先从一张木刻版画来谈起。

这是明代余象斗的自画像，画像中展示的是这位生活于万历年间的书肆主人的生活场景。这张画像是附在《仰止子详考古今名家润色诗林正宗十八卷》目录后的半叶插图，像这样以编辑人的生活图影出现的画面，著名版本学家黄裳在《插图的故事》一书中认为是绝对的孤本，十分珍贵。在这张图中，余象斗悠然自得地在案后做着编辑工作，案前的几上焚着香，一旁的小童正在烹茶，画面恬静自然。这幅画凸显了家具和茶具在主人公生活中所扮演的角色。富于诗意的闲雅生活，必然对生活中的物件提出相应的要求，这也是传统文人对物质世界改造的逻辑必然。

这幅插图更有意思之处在于余象斗的身份。加拿大学者卜正民（Timothy Brook）在他的名著《纵乐的困惑——明代的商业和文化》中认定余象斗是商人。卜正民认为："商人渴望得到士绅身份，乐此不疲地尝试各种方法以实现从商人阶层到士绅阶层的转变，其中方法之一就是模仿士绅的行为举止。"不管余象斗是编辑家还是商人（关于余象斗的身份问题，我们在下一节将有论述），有一点可以明确的是，士绅阶层的生活方式就如这张图中所描述的这样：简约而线条流畅的家具陈设，充满某种意味，伴随袅袅的一缕沉香；烹茶的炉火正旺，茶的香韵弥散开来；院中数枝疏梅也送来淡淡的冷香。在这样的生活场景中，文人与家具、茶具结下不解缘当然成了情理之中的事了。

理性地来看，这表面的生活图景并没有足够的说服力来阐明文人与明式家具的逻辑联系。但更深层地考察，我们发现，明式家具作为线条的艺术，在明清两代文人的眼中，成为展现他们精神世界的一个载体，或换言之，成为他们表现中国传统艺术精神的一种物化样式。

李泽厚先生在《美的历程》中论及中国文字时，认为汉字形体（字形）获得了独立于符号意义（字义）的自成一体的发展轨迹，在它漫长的发展中，"更以其净化了的线条美——比彩陶纹饰的抽象几何纹还要更为自由和更为多样的线的曲直运动和空间构造，表现出和表达出种种形体姿态、情感意兴和气势力量，终于形成中国特有的线的艺术：书法。"其实，从中国艺术发展的全景观来看，从彩陶纹饰、青铜纹饰、玉器形制与纹饰，直至后来的书法、绘画和佛像泥塑，中国艺术的发展总体上来讲是线的艺术，注重时间性的线条审美理念。这甚至影响到后起的戏曲声腔，所谓"行腔如线"就是很好的证明。

在中国传统审美精神中，"抽象和还原"是其核心精神，艺术史上所说的"无与有""道和器""形与神""意与言""笔与墨"等范畴，其实都源于"抽象和还原"。中国艺术精神所追求的高度抽象，最后把客体凝练成最单纯、最朴素的线来表现，同时这种抽象是带有丰富意蕴和无限空间变化的抽象，是充满人的情绪、情感的温暖的抽象，是积淀着无限信息码和想象力的抽象。于是简单的抽象线条最后能够还原出无限意蕴和情感的精神世界，这个世界是主观空间的最完整的展现。这种"抽象与还原"是中国传统艺术精神中最重要的一点，它可以使中国艺术"无中生有"、"形神兼备"、"得意忘形"，同时，"弦外之音"、"意中之象"、"有我之境"这种带有主观体验色彩的审美经验成为中国艺术中的基本理论概念，在最单纯的线条中体现精神的丰富，成为中国艺术最富创造性的贡献。

著名昆曲演员张继青演唱的《朱买臣休妻》，这出戏是根据《烂柯山》改编的，张继青在她的曼妙迤逦的演唱中处理声腔的高妙技巧，或者说她控制声音的高超技术，把一个字都能唱得摇曳生姿。昆曲的演唱是讲究字头、字腹、字尾的，声腔其实就是线条的艺术，声音形成的线条，既要足够稳健、苍穆、扎实，仿佛怀素落笔，矫若苍龙，裹挟风雨，同时在呈现的质感上，又是那样的华滋润泽，媚如春阳。声音，不能"粗"、"尖"、"滑"、"糙"，而要"细"、"秀"、"媚"、"润"，在声腔的线性表现中，实现着很多的对立与统一。这种对立统一，其实就是审美的张力。而对于张力的表达，线性形式无疑是最擅长的。

京剧行里常常说"云遮月"的声音最美。所谓云遮月，就是像月亮被轻云所遮，但逐渐破云而出，光华四射。这种声音，和西洋歌剧所要求的声音特点是完全不同的，它是讲求对立中的统一。"云遮月"讲求的不是单纯的那种光泽，而是有着矛盾的张力，展现的不是单一的秀美，而是与苍穆统一的甜美。在京剧发展史里记载了京剧鼻祖程长庚在生命最后对京剧前景的推断，他认定谭鑫培的唱腔会大行其道，其后果不其然，"家国兴亡谁管得，满城争说叫天儿"（谭鑫培艺名小叫天）。"大老板"程长庚为什么判定"亡国之音"的谭鑫培的声腔最后会成为舞台上的王者，是因为他清醒地认识到，老谭的声腔里，具有原来京剧老生一味讲求苍劲雄壮的声腔里所不具备的甜润华美，在矛盾中达到了新的统一，这是符合中国艺术精神的创造，那必然是王者。这种矛盾统一，像书法中所讲的"折钗股"、"屋漏痕"，也是京剧声腔美学中的基本概念。

毫无疑问，书法是直观的线的艺术，在书法美学中，折钗股、屋漏痕、锥画沙、印印泥都是著名的美学论断。颜真卿《述张长史笔法十二意》中提到"偶以利锋画而书之，其劲险之状，明利媚好"，这是很值得注意的一个论述，其中"险"、"劲"，却和"明"、"媚"相协，这就是线条艺术讲求的本质意义上的丰厚，是矛盾统一形成审美张力而创造的强烈的美感。

线条的艺术，是中国艺术中最基本的，也是蕴含最深的艺术。线是最简单的、最单纯的，但它也可以是最丰富的、最复杂的，因为是线条在"抽象与还原"过程中展示了艺术丰富的美。线条能否舒惬人意，其关键在熨帖天意，而天意自在人心。一根简单的线条，往大里说是天人合一的一个基点，但实在一点讲，中国的艺术精神是通过线性来表达的。

中国艺术史，无疑也是一部线的造型艺术史。线体现在青铜、玉器上，便是纹饰艺术；线体现在砖石上，就是造像诏版；线体现在纸墨上，就是书画；线体现在文字中，便是诗词格律；线体现在声音中，便是戏曲唱腔；线体现在家具形制上，便是明式家具所呈现的无与伦比的线条美了。可见，明式家具这些本是世俗文化的器用，就因为它集中体现了线的神韵，因而在雅文化范畴之内，与文人生活产生了千丝万缕的联系。

明式家具的制作工艺集中体现了中国的线条艺术特点：明式家具中的桌案几凳所体现的这种独特的线条和空间造型，正合乎了传统审美的内在规律；同时，诗化的生活和生活的诗化，使明式家具合乎中国传统知识分子的审美目标。合规律性与合目的性，这是构成文人与明式家具渊源的深层原因。

在中国艺术的发展中，功能性和审美性的统一也是一个突出的特点。无论青铜、玉器、书法、瓷器，这些艺术样式都有着强烈的功能性特点，但同样又成为中国传统文化的典型代表，这样一个由功用向独立艺术发展的轨迹，同样也适合明式家具的发展，所以，我们可以这样认为，明式家具是中国线条艺术发展的一支脉络；与此同时，文学艺术由诗而词、由词而曲的发展轨迹，正是纯艺术与世俗相融的过程，与明式家具的打通艺术与生活的过程完全一致。这是我们在全景观艺术史中观察明式家具的一个初步的概述。

其实，任何线条都是形式，是抽象的结果。在审美中，没有体验还原的抽象都是空洞和死板的。为什么有的专家说，中国画关键在笔墨，在于线条。但在特定材质、语境和暗示下，这种抽象后的线条能唤起内心最深刻的情感涌动，这种涌动是莫名的熨贴和亲切，是霎那间重回故乡的温馨和被安抚的感动，是身心融入又无比空旷，急于表达却又欲说还休的饱满和怅然。这份饱满、怅然，也是一份惊叹、满足。这样，在线条中的体验还原，一定是要有文化积淀的，也就是说它有它的解码系统。为什么你在明式家具前摩挲再三、栏杆拍遍，无疑是因为它的线条组成的空间、气韵，让人感到了难以言说的舒惬，感到惊叹，欣赏者顺利地完成了解码，进入了它的气场。在这过程中，情感和生活的体验汹涌而至，它不是简单的对技术的感知，而是十分含混的感受。这样，线条艺术必然和文化有着极深刻的依存，我们所说的一件作品有书卷气，其实就是抽象和还原的审美结论。

　　明式家具和明清文人结下如此深的渊源，关键的核心点，就是在这里。我们想探讨的，就是这其中的奥秘。

　　在明清之际，工艺和文化的关系是十分深刻的，张岱在《陶庵梦忆》中谈到"吴中绝技"："吴中绝技：陆子冈之治玉，鲍天成之治犀，周柱之治嵌镶，赵良璧之治梳，朱碧山之治金银，马勋、荷叶李之治扇，张寄修之治琴，范昆白之治三弦子，俱可上下百年保无敌手。但其良工苦心，亦技艺之能事。至其厚薄深浅，浓淡疏密，适与后世

赏鉴家之心力、目力针芥相投，是岂工匠之所能办乎？盖
技也而进乎道矣。"

张岱列举了当时手工艺制作之精良者，这当中虽然没
有直接提到家具，但他十分明确地指出，"盖技也而进乎
道矣"，这个判断是十分有道理的，这也就是我们所说的
合规律性与合目的性。形而上者谓之道，形而下者谓之
器，明式家具是器，但已进乎道，这核心是人，是与物共
鸣的人。明式家具之所以能登上大雅殿堂，能成为大家共
认的古典家具中的审美典范，这里就必须谈到中国古代文
人，特别是明清两代文人的审美情趣。

随着社会经济、文化艺术的发展，家具在工艺、造
型、结构、装饰等方面日臻成熟，至明代进入一个辉煌时
期。明式家具在古典家具中作为一种审美典范已成业界共
识。线条的艺术，是中国艺术中最基本的，也是蕴含最深
的艺术。在书法、绘画、青铜、玉器、戏曲、家具中都有
所体现。明式家具以其在工艺、造型、结构、装饰上的独
特风格，特别是其蕴含的丰厚人文精神和浓郁文化气息，
数百年来一直广受尊崇和青睐，也成为海内外收藏界追捧
和钟爱的珍品。在中国的家具史上，明式家具确有君子风
范，是一个难以逾越的高峰。

耕读传家，文人心性

明朝前期，出现了中国历史上的第三个封建盛世，即洪永熙宣盛世，其奠基者就是明开国皇帝太祖朱元璋。明太祖出身贫寒，深知百姓痛苦，体恤民情，多次下令减免赋役，减轻农民的负担。他注重抓经济作物的生产，明朝初年就下令"凡农民田五亩至十亩者，栽桑、麻、木棉（棉花）各半亩，十亩以上者倍之，其田多者，率以是为差。有司亲临督劝，惰不如令者有罚，不种桑使出绢一匹，不种麻及木棉，使出麻布、棉布各一匹。"（万历《大明会典》卷一七《户部·农桑》）明太祖休养生息政策的实施，使明初社会经济逐步走向复苏和发展。洪武二十六年全国农业耕地面积大量增加，达到 850 余万顷（《明史》卷七七《食货志一》），比北宋耕地总面积数最多的年份即天禧五年（1021）的 500 余万顷（马端临《文献通考》卷四《田赋考》），增加了 300 余万顷。随着农业的发展，手工业和商业日趋发达。明初经济社会的发展不仅与西汉、东汉和唐朝三个开国皇帝当政时相比也毫不逊色，就是与清朝建国之初相比也是远远超出，不论是皇太极，还是顺治帝，其功绩都无法同明太祖相提并论。

明式家具的主要产地在于太湖流域苏、松、常、嘉、湖五府。自春秋以来，分裂王朝和地区政权造成的统治间隙给这一区域的民生与经济文化发展带来了意外的好处。

太湖流域的地方割据政权，为了拓展自身实力，大力兴修水利，发展农业，促进经济发展。永嘉之乱后，大批北方百姓南迁，带来了先进的生产技术，尤其是冶铁业的发展，使当地的生产力得到空前的提高，江南在一定程度上避免了北方饱受的战乱之苦，农村和农耕文明也获得长足进步。

明式家具产地分布一般可以分为东西南北四个区域：东部以江南苏州松江地区为主，其家具形制特质是文人家具。造型素雅简洁，轻盈别致，一般以苏作家具为代表；西部以晋地富商乡绅家具为主。用料宽厚，造型质朴，色漆居多；南部以粤广富商大贾家具为代表。体态灵动，素雕兼工，奢华秀丽；北部以京式皇家家具为主。造型富丽，体态雍容，常密繁深雕，以示尊贵权威。明式家具，东西南北各有千秋，但还是以东部太湖流域的苏松地区家具为主流。

明清时期，太湖流域在全国已经赢得独一无二的地位，该地区的繁荣经济带来的巨大的税赋收益，支撑了这一地区社会经济文化的充分发展。在明代嘉靖年间，有"苏松财赋半天下"的说法。从州县的角度看，太湖流域的不少县都是财税大户，也一直有着所谓"江南赋役百倍他省"，苏、松地区是其重中之重的说法。从现存的明清各县府志录中可以窥见一斑，冯梦龙、凌濛初的"三言二拍"、沈复的《浮生六记》等文学作品的描述也可加以印证。冯梦龙《醒世恒言》第十八章中写道，"苏州府吴江县离城七十里，有个乡镇，地名盛泽。镇上居民稠广，土俗淳朴，俱以蚕桑为业。男女勤谨，络纬机杼之声，通宵彻夜。那市上两岸绸丝牙行，约有千余家，远近村坊织成绸匹，俱到此上市。四方商贾来收买的，蜂攒蚁集，挨挤不开，路途无伫足之隙；乃出产锦绣之乡，积聚绫罗之地。江南养蚕所在甚多，惟此镇处最盛。"清初黄卬编的《锡金识小录》专述无锡地区的风俗民情和世风之变。作者写道，"以予所见，四五十年间，方康熙时，衣服冠履犹尚古朴，常服多用布，冬月衣裘者百中二三，夏月长衫多用枲葛，间用黄草缣. 今则以布为耻，绫缎绸纱，争为新色新样，北郭尤盛. 间有老成不改布素者，则指目讪笑之。冬月富者服狐裘、猞猁逊之属，服貂者亦间有之，若羊裘则为贫者之服矣……妇女衣饰近日反尚雅淡……髻式高下大小，随时屡易。"这些记述充分反映了太湖流域经济发展带来的城乡生活的变化，苏、松、常、嘉、湖五府已经成为江南著名的生产和消费中心，苏州、杭州便成为时人享乐游玩的天堂。

明清两代，江南文人的功名之盛，为全国之冠，其中以苏、常、松、杭、嘉、湖地区尤甚。然而对于大量应试者而言这仍是区区小数，更多文人拥有的命运是名落孙山，浪迹江湖。此时，社会的经济关系和经济结构正在发生变化，商品流通日趋繁荣，社会风气和社会价值观也随之改变。隐逸作为中国文人心理疗伤的传统剂方，又呈现出新的形态。新旧交替时代背景下的明清文人经历了丰富而多样的情感体验，他们的创造也就有了多样的艺术风貌和多种的审美追求，呈现出与前代文人相区别的特质。不少文人由政治失意转向内心宁静，一股觉醒的人性解放之风，给文人的精神世界注入了新的生机。明清文人开始徜徉山水、漫步园林，不时体会到清新的生活情趣，感受到开明欢快的生命状态。朴质、平易、惬意成为充溢文人内心的一种美好情感，既乐观向上又生气勃勃。这种乐观的生活情趣，是对人对己情感的尊重，是对享乐对人欲的肯定，是对清新、欢快乃至戏谑、幽默情感的认同。他们不满足借山水、花鸟聊写胸中逸气，而是开始把自己的艺术与现实生活融为一体。他们不仅用诗、赋、书、画等方式寄托隐逸、清高之志，同时开始走向生机勃勃的民间社会，走向斑斓多彩的市民生活，从艺术创作中享受文化，从文化生活中创造典雅。此时文人的隐逸可以称为"市隐"。

宋扬　《拂尘服》98cm×67cm 2018 年

明代以来的社会经济变化，使农业和手工业也得到了相应发展，除北京、南京这两大城市外，集中在江南苏、常、松与杭、嘉、湖地区的新兴城市人口集聚、商贾云集，商品经济和市民生活异常活跃。明代学者王士性《广志绎·江南诸省》记载："浙西俗繁华，人性纤巧，雅文物，喜饰鬐帨，多巨室大豪，若家僮千百者，鲜衣怒马，非市井小民之利"。清代的《姑苏繁华图》记录了乾隆年间苏州的繁华景象，其中一段画的是万年桥北半街"松萝茶社"，另一段画的是越城桥畔一缸坛店有茶壶出售，生动有趣。这一时期海禁开放，乌木、紫檀、花梨等各种名贵木料的进口，为明清细木家具制造和发展打下了基础。特别是不少文学家、戏曲家、诗人、画家、收藏家、鉴赏家等文化人出于自身的爱好和社会的需求，纷纷与匠人高手联手设计制作家具文房，推动了家具种类和形制的发展。这些情况在高濂《遵生八笺》、张岱《陶庵梦忆》《西湖梦寻》、文震亨《长物志》、宋应星《天工开物》、李渔《闲情偶寄》等书籍中有生动而详实的记录。他们以文人的眼光、审美心态和生活情趣出发，崇尚追求"典雅"、"古朴"、"简素"等审美风格。

我们不妨来读读张潮的《幽梦影》，便可以发现明末清初的知识分子在追求生活的诗意上所达到的高度，这也是他们聊以慰藉人生的一种有效方式。

"楼上看山，城头看雪，灯前看花，舟中看霞，月下看美人，另是一番情景。

山之光，水之声，月之色，花之香，文人之韵致，美人之姿态，皆无可名状，无可执着。真足以摄召魂梦，颠倒情思！

窗内人于纸窗上作字，吾于窗外观之，极佳。

梅边之石宜古，松下之石宜拙，竹傍之石宜瘦，盆内之石宜巧。

梅令人高，兰令人幽，菊令人野，莲令人淡，春海棠令人艳，牡丹令人豪，蕉与竹令人韵，秋海棠令人媚，松令人逸，桐令人清，柳令人感。

园亭之妙，在丘壑布置，不在雕绘琐屑。往往见人家园亭，屋脊墙头，雕砖镂瓦，非不穷极工巧，然未久即坏，坏后极难修葺，是何如朴素之为佳乎。"

张潮，字来山，号心斋居士，安徽歙县人，生于清顺治八年（1650 年），曾著有《花影词》《心斋聊复集》《幽梦影》等书，其中以《幽梦影》最著名。这本一万多字语录式的小品集，在古代典籍中的地位并不高，但 1936 年同为徽州人的作家章衣萍用重金购买了《幽梦影》抄本，并给林语堂看了，林语堂很是喜欢并翻译成英文，使之成为一本知名度很高的小品集。林语堂之所以喜欢这本书,在他的名著《生活的艺术》中有着详细的阐述:"中国人之爱悠闲,有着很多交织着的原因。中国人的性情,是经过了文学的熏陶和哲学的认可的。这种爱悠闲的性情是由于酷爱人生而产生,并受了历代浪漫文学潜流的激荡,最后又由一种人生哲学——大体上可称为道家哲学——承认它为合理近情的态度。中国人能囫囵地接受这种道家的人生观,可见他们的血液中原有着道家哲学的种子。"林语堂所说的中国人,其实是中国文人。他发现中国人的生活中浸润着的哲学观念,西方人士是很难理解的,但这恰恰是了解中国文化的一枚十分重要的钥匙,所以他著有《吾国吾民》和《生活的艺术》,将中国的文化精神推介到西方世界。

林语堂的观点,我认为是值得重视的。明季之后,中国文人的日常生活中融合了儒、道、释等哲学理念,这里面既有儒家的温暖,又有道家的逍遥,同时也有佛家的清空,最后构成一幅极具文学艺术特性的典雅生活画卷。此时的文人不再寄情于荒野的山林,而是在城市中构筑山水真意的隐逸之地,开始了大隐隐于市的"市隐"时代。他们的情感世界、他们的生活情趣、他们的审美理念,无一不在日常生活中得到物化,同时在物化世界中又展现中国文人独有的精神气质。

在这里，我们要谈到中国传统士大夫的隐逸文化。

从伯夷、叔齐开始的避世隐逸传统，一直是中国知识分子在出世与入世之间的一个重要选项。这个选项的重要性体现在，隐逸使知识分子具有了现实批判的超越性和话语权，并具有捍卫精神传统的崇高感。但不能否认，隐逸作为一种文化现象，是十分复杂的。"道不行，乘桴浮于海"，孔子的喟叹，是仕途失意之隐；"少无适俗韵，性本爱丘山"，陶渊明的述怀，是怡情之隐；"红颜弃轩冕，白首卧松云"，李白的赞颂，是愤世之隐；"大梦谁先觉，平生我自知"，诸葛亮的自许，是蛰伏之隐……总之，在隐逸的现象背后，其实也有着各种各样的诉求。同时，在如何隐的问题上，也各有方式。"隐于道"，是在学问道德中隐逸，是大隐，道隐无形，只要有圆融宏大的人格，就可以"独善其身"，获得精神解脱；"隐于朝"，是智隐，平衡于各种权力之间，有效地运用体制保护自己，但保持自身的人格纯度，获得隐逸的自由；"隐于林"，隐于山林，是苦隐，隐于山林，在忍受着心灵撕裂和生活困苦的同时，创造出丰富的精神价值；"隐于禅"，是玄隐，在宗教的信仰和情绪中，解脱生命的痛苦和牵绊，获得精神的自由。

然而，在隐逸文化中，也有着方便法门。这种隐逸，甚至不需要特定的形式，呼之即来，挥之即去，这就是所谓的"酒隐"和"狂隐"。隐于酒，是借酒在自身与世俗生活间竖起屏障，获得短暂的自由。隐于狂也同样如此，"天子呼来不上船，自称臣是酒中仙"，这种姿态，让自己获得的自由度急剧提高。其实，酒隐具有悠久的历史，像魏晋时期的刘伶，撰写了《酒德颂》："无思无虑，其乐陶陶。兀然而醉，豁尔而醒。静听不闻雷霆之声，熟视不睹泰山之形。不觉寒暑之切肌，利欲之感情。"这种醉而忘忧的人生态度其实就是避世思想。到了宋代，时代精神虽然变得柔弱，但文人的内心世界却变得更为细密精致。苏轼提出了酒隐："世事悠悠，浮云聚沤。昔有浚壑，今为崇丘。眇万事于一瞬，孰能兼忘而独游？爰有达人，泛观天地。不择山林，而能避世。引壶觞以自娱，期隐身于一醉。……酣羲皇之真味，反太初之至乐。烹混沌以调羹，竭沧溟而反爵。……暂托物以排意，岂胸中而洞然。"（《酒隐赋》）。在赋前的小序中，苏轼记道："凤山之阳，有逸人焉，以酒自晦。久之，士大夫知其名，谓之酒隐君，目其居曰酒隐堂，从而歌咏者不可胜记。"这既是苏轼写《酒隐赋》的由来，也是酒隐的由来，酒隐模式也被公认为一种重要的隐逸模式。

宋扬　《长物绘·莲华心地》四 70cm×33cm 纸本 2016

与酒隐模式接近的，是狂隐。宋时流行酒隐，到明代中晚期就出现了狂隐。这种狂，它既是一种政治生态的产物，同时也是文人隐逸传统的产物。这种狂，是佯狂，但几乎成为了名士的一种标志，以至于有个和尚对弟子说："汝欲名声，若不佯狂，不可得也。"（《锦江禅灯》卷十八）

然而，在明清时期，真正的隐逸主流是市隐，也就是我们常说的"壶天之隐"。有人统计过，明朝前后260多年，时间不短，但是在《明史》中记载的隐士不过寥寥数人，每人名下也不过寥寥数语，在三百多卷的《明史》中，不过占千分之一的分量。明代隐逸文化之不兴，由此可见一斑。但是隐逸精神的世俗化，使得隐逸出现了十分奇特的景象。

我们以袁中郎为例。

万历二十三年（1595），28岁的袁宏道被朝廷派到江苏吴县（县治在今天的苏州）当县令。当时的苏州地区是全国最富庶的地区之一，在那里做父母官，应该是个美差。但在接下来的时间里，袁宏道除了抱怨还是抱怨："上官如云，过客如雨，簿书如山，钱谷如海，朝夕趋承检点，尚恐不及，苦哉！"同时得出结论，"人生作吏甚苦，而作令尤苦。若作吴令则其苦万万倍，直牛马不若矣"。(《致沈广乘》)最终,万历二十九年(1601),袁中郎获准辞官。归隐后他在老家公安栽了许多株柳树,建起了"柳浪"居。这种强烈的隐逸思想,其内在的驱动力是什么呢?追求快活。袁中郎有十分著名的"五快活论",在这里不妨抄来:

"目极世间之色,耳极世间之声,身极世间之鲜,口极世间之谭,一快活也。堂前列鼎,堂后度曲,宾客满席,男女交舄,烛气熏天,珠翠委地,皓魄入帐,花影流衣,二快活也。箧中藏万卷书,书皆珍异。宅畔置一馆,馆中约真正同心友十余人,人中立一识见极高,如司马迁、罗贯中、关汉卿者为主,分曹部署,各成一书,远文唐宋酸儒之陋,近完一代未竟之篇,三快活也。千金买一舟,舟中置鼓吹一部,妓妾数人,游闲数人,泛家浮宅,不知老之将至,四快活也。然人生受用至此,不及十年,家资田产荡尽矣。然后一身狼狈,朝不谋夕,托钵歌妓之院,分餐孤老之盘,往来乡亲,恬不知耻,五快活也。"(《致龚惟长先生》)

在袁中郎的文字中,这种快活有时也失之于狭邪,但性情的流露,丝毫不显忸怩作态,这表明,当时的隐逸并不完全是心中有块垒之气而使然,而是恰恰相反,生活舒适和生命张扬成为隐逸的一个目标,在美色、美声、美物、美味、美言中，达到心与物的和谐，人与社会、宇宙的和谐。明清时期的隐逸文化，是中国隐逸文化集大成者，但不再孤愤，而是一缕淡淡而美丽的伤感；不再清苦，而是一份富足的舒适；不再关切，而是在温暖的生活中表达一份冷淡。这一切，都通过对生活中一事一物的趣味表现出来。所以，袁宏道在《叙陈正甫会心集》开宗明义："世人所难得者唯趣"。他进一步论述道：

"趣如山上之色，水中之味，花中之光，女中之态，虽善说者不能一语，唯会心者知之。今之人，慕趣之名，求趣之似，于是有辨说书画，涉猎古董，以为清；寄意玄虚，脱迹尘纷，以为远。又其下，则有如苏州之烧香煮茶者。此等皆趣之皮毛，何关神情！夫趣得之自然者深，得之学问者浅。当其为童子也，不知有趣，然无往而非趣也。面无端容，目无定睛；口喃喃而欲语，足跳跃而不定；人生之至乐，真无逾于此时者。孟子所谓不失赤子，老子所谓能婴儿，盖指此也，趣之正等正觉最上乘也。山林之人，无拘无缚，得自在度日，故虽不求趣而趣近之。愚不肖之近趣也，以无品也。品愈卑，故所求愈下。或为酒肉，或然声伎；率心而行，无所忌惮，自以为绝望于世，故举世非笑之不顾也，此又一趣也。迨夫年渐长，官渐高，品渐大，有身如梏，有心如棘，毛孔骨节，俱为闻见知识所缚，入理愈深，然其去趣愈远矣。余友陈正甫，深于趣者也，故所述《会心集》若干人，趣居其多。不然，虽介若伯夷，高若严光，不录也。噫！孰谓有品如君，官如君，年之壮如君，而能知趣如此者哉！"

这种宣言式的趣味论，也正式标明，中国知识分子从"言志"时代开始转向"言趣"时代。这种美学史上重大的关节，已不复有黄钟大吕式的雄壮，这是一种失落，但也是一种获得。精致细美的审美情致成为当时的主流风尚，生活中的任何细节，都成为审美对象，被加以审美的加工。情有情趣，理有机趣，庄有理趣，谐有谐趣。对生活的诗化，成为隐逸文化中十分旖旎的一章。

我们了解明清社会文人生活的情趣，对理解明式家具有着重要的作用，这些文人的特殊爱好和功能需求，可以从这一时期的笔记、散文和小说及插图中得到印证，同时也可在这一时期书画家们的作品中得到展示。如明代戴进所绘《太平乐事图》中文人学子看戏时用的桌、凳，明唐寅《韩熙载夜宴图》《桐荫品茶图》所描绘的家具、茶具，明仇英所绘《桐荫昼静图》中文人所用之书案和躺椅，清叶震初、方士庶所绘，厉鹗题记的《九日行庵文宴图》，清冷枚人物图和清姚文瀚绘山水楼台图中所展现的桌椅、茶具等等，都是这一时期文人的爱好和惬意之生活风貌的生动展示。

　　李渔设计制作的"暖椅式"作为一个例证，最能反映明清文人的生活情状。何谓"暖椅"？"如太师椅而稍宽，彼止取容臀，而此则周身全纳故也。如睡翁椅而稍直，彼止利于睡，而此则坐卧咸宜，坐多而卧少也。前后置门，两旁实镶以板，臀下足下俱用栅。用栅者，透火气也；用板者，使暖气纤毫不泄也；前后置门者，前进人而后进火也。然欲省事，则后门可以不设，进人之处亦可以进火。此椅之妙，全在安抽替于脚栅之下。只此一物，御尽奇寒，使五官四肢均受其利而弗觉。"（李渔的《闲情偶寄·器玩部·十八图暖椅式》），可见明代文人士大夫对椅子设计是何等讲究，让我们从中领略其闲适的生活趣味。

　　由此可见明代文人生活之惬意浪漫。李渔在《闲情偶寄》中谈到房屋、窗户、家具时又云："盖居室之制贵精不贵丽，贵新奇大雅不贵纤巧烂漫。""窗栏之制，日新月异，皆从成法中变出。""予往往自制窗栏之格，口授工匠使为之，以为极新极异矣。"至于桌椅的桌撒这样的小物件，他指出："此物不用钱买，但于匠作挥斥之际，主人费启口之劳，僮仆用举手之力，即可取之无穷，用之不竭。"总之他强调："宜简不宜繁，宜自然不宜雕斫。凡事物之理，简斯可继，繁则难久，顺其性者必坚……"可见当时文人对家具等的要求，完全为其生活习性和审美心态所决定。他们对于家具风格形制的追求主要体现在"素简"、"古朴"和"精致"上。如文震亨在《长物志》中谈及方桌时说："须取极方大古朴，列坐可十数人，以供展玩书画。"论及几榻时又说："古人制几榻虽长短广狭不齐，置之斋室，必古雅可爱……"，论及书橱时强调："藏书橱须可容万卷，愈阔愈古。""小橱……以置古铜玉小器为宜。"明戏曲家高濂《遵生八笺》中设计的倚床，"上置倚圈靠背如镜架，后有撑放活动，以适高低。如醉卧、偃仰观书并花下卧赏俱妙"。设计的二宜床，"床内后柱上钉铜钩二，用挂壁瓶，四时插花，人作花伴，清芬满床，卧之神爽意快"。倚床高低可调，二宜床冬夏可用，构思巧妙，既能读书休息又能品赏鲜花，意趣无穷，将文人悠然自得、神爽意快之神态反映得如此生动。我们不得不承认，明清两代的一些文人，在器具的实用功能和审美标准方面，从豁达的人生态度出发，达到了与自然和谐融合的高度统一。

当然，我们在谈到明代文人的生活与家具制作时，自然会关注那个时代江南繁华的都市生活、发达的手工业及由此产生的众多名匠艺人。悠久的人文历史、深厚的文化底蕴、尚美的艺术氛围等诸多因素，交织成明清时期江南一道独特的风景线。我们追寻明代文人衷情于斯的文化、社会和人文内涵，考察明式家具的形制和工艺、外貌和气质，去研究它、触摸它、感受它，就像慢慢地呷上一口碧螺春茶一样，低头品味。而完全不同于今人伸长脖子仰头痛饮"可口可乐"，完全是不一样的文化，不一般的感受。关于明清时期江南都市生活与文化人之品鉴，历来众说纷纭，有说"昆曲、黄酒、园林"，有说"昆曲、绿茶、园林"，有说"状元、戏子、小夫人"……，不管怎么说，所有这些，都离不开椅子、几案的存在。不妨让我们体会，在濛濛细雨中走过江南小镇，在长长巷子的青石板上，隔着长满青苔的粉墙黛瓦，从墙头翠绿的老树嫩叶间的格子窗里，传出一两声评弹的丁冬弦索声。让我们体会躺坐在李渔的"暖椅式"上，仰头聆听，"点点不离杨柳外，声声只在芭蕉里"，"小楼一夜听春雨，深巷明朝卖杏花"。这是怎样的一番图景，又是何等别有洞天的意境啊。江南钟灵毓秀、人文荟萃，唐宋以降，元代倪云林，明代文徵明、唐寅、李渔……，说不尽的文人骚客，说不尽的才子佳人，说不尽的明式家具的魅力。

　　丰富的物质生活和士大夫充裕的空闲时光，使社会日常休闲活动更趋多样和兴盛。"清客"、"相公"等专靠为富豪人家帮闲而谋生的闲杂人等，层出不穷。他们大多有一定的文化修养与独门绝技，精通各类弹拉说唱，及各种吃喝玩乐的门道。明代王士性曾云："姑苏人聪慧好古，亦善仿古法为之。书画之临摹，鼎彝之冶淬，能令真赝不辨。……斋头清玩、几案、床榻、近皆以紫檀、花梨为尚。"（明代王士性《广志绎》卷二《两都》）一些文人也出于自身的修养和爱好，在家具形制、功用的研究、设计、制作和追求中积极参与，在其间体现了文人的特有气质，浸润着文人典雅的生活情趣，推动了明式家具的发展。

古朴雅致，清高孤傲

一个有形的器具，无论是形之外还是形之内，都应当考量其自然定律与人文精神的呈现，只有这种内外层面统一的有形器具才有可能成为珍品，乃至神品，而传之久远。明式家具的制作与当时的社会、经济、文化发展紧密相关，与士大夫阶层的文化心理和人格取向互为表里。明清文人风流，成为中国传统文人性格的一个表征。在当时文人与工匠的紧密合作下，体现中华文化神韵和气质的明式家具成为中国工艺美术史上的一座巅峰。

对明式家具精神内涵的论述，要放在明代社会、经济、文化的背景中去考量，必须联系对明式家具的创作活动积极参与的士大夫阶层，尤其是明代文人的艺术情趣和人格取向来观察。

"臣虽削夺，旧系大臣，大臣受辱则辱国。故北向叩头，从屈平之遗则。君恩未报，结愿来生。臣高攀龙垂绝书，乞使者执此报皇上。"

这是高攀龙投水自沉之际留下的遗书，其墨迹勒石影本如今在东林书院还能见到。这份遗书，让人感到那个时代文人十分独特的奇崛个性。这种奇崛其实在明初方孝孺那里就体现得十分突出，这是知识分子为维护道统而与治统产生的抗争。但在明代，这种知识分子的倔强表现得那样普遍，甚至让万历皇帝都为之"罢工"，不再上朝。当时，朝廷大臣受到廷杖惩罚的不在少数，以至于身体的残疾成了较为普遍的现象。方苞在《左忠毅公逸事》中这样写道左光斗：

"微指左公处，则席地倚墙而坐，面额焦烂不可辨，左膝以下筋骨尽脱矣。史前跪抱公膝而呜咽。公辨其声，而目不可开，乃奋臂以指拨眦，目光如炬，怒曰：'庸奴！此何地也，而汝来前！国家之事糜烂至此，老夫已矣，汝复轻身而昧大义，天下事谁可支拄者？不速去，无俟奸人构陷，吾今即扑杀汝！'因摸地上刑械作投击势。"

尽管钱钟书《谈艺录》中认为"望溪（方苞号望溪）更妙于添毫点睛"，少不了加工的成分，但这种知识分子的浩然正气确已成为一种社会风尚。整个朝廷充满了暴力的色彩，这是不争的事实。骈首诏狱，搒掠钳灼，其状之惨烈，让后来闻者动容。从知识分子骨气的角度来讲，九死不悔的坚贞之节，青史留名，千古景仰；从明朝亡于党争的角度来看，千古兴亡，难以评说，但当时的文化生态出现了十分诡谲的意味，整个社会充满了某种残酷暴戾的气息，"殿陛行杖"，上下交争、党社之争，以致朝野沸腾，这种充满戾气的社会氛围，使明代知识分子拥有了十分独特的人格特征：这其中既有"抗争——自虐"的戾气，同时也充满了愤然逃禅、佯狂出世的"戾气"。这种

"戾气"弥漫于朝野，从整天"罢工"的皇帝——做木工的熹宗皇帝，到"为天地立心"而甘受廷杖以至于身心畸零的臣子；从海瑞的精神性自虐、东林党人的在野讪讪、张献忠游击杀掠的疯狂，直至儿谈庄禅婢谈兵的社会风习，这种不和谐的杂音时常冲破历史的重重帷幕，让我们感受到当时涌动着的不安与焦躁。

但让人惊讶的是，就在这种酷烈的社会背景中，香粉灯影、扇底风流也在这历史帷幕后闪出，成为生活中的一种主色调。在这种色彩中，冒辟疆、侯方域等那一段段风流倜傥的金粉旖旎，似乎演绎了一个近乎世界末日的狂欢。与此同时，社会上弥漫着一种感伤情绪，文人士大夫在生活的细节中寻找安慰，在安慰中又倍感痛失，也使这个时期充满了末世的颓唐。

明代末年的知识分子，大概是最有特色的一个群体。正是这个群体，鼓荡起一股强劲的晚明文化思潮，为两千年封建文明抹上了不容轻易忽略的绚烂一笔。

关于这个时代的文化思想潮流，学术界早已厘定清晰，但值得注意的是，在这个思潮中，"狂禅派"文化思潮应该引起特别的重视。这是中国知识分子思想心灵的一次解放，同时也是中国文化人扭曲的心灵世界的一种展示，对后代文人人格的影响是十分明显的。

所谓"狂禅派"，是王阳明"心学"的一条支流。王阳明的"心学"打破了宋代儒学繁复的思想方法和看似包罗万象但又支离破碎的架构体系，直指本心，提出"夫学贵得之心"（王阳明《答罗整庵少宰书》）的学说。王阳明学说中"致良知"、"知行合一"的观点，强调了"心的作用"，处处可以看出一种自由解放的精神，打破道学的陈旧格式，为"狂禅派"开了方便之门。在晚明之际，儒道释三教合一也是蔚然成风，钱穆在他为学生余英时《方以智晚节考》所作的序中明确指出"此乃晚明学风一大趋向"。这种融禅入儒的学问方法直接造成这种似儒非儒、似禅非禅的"狂禅运动"，其中最为典型的代表人物就是李贽。关于"狂禅派"的学术理论，我们在这里不必详述，但它对后世知识分子的影响不容低估。嵇文甫《晚明思想史论》认为："这种狂禅潮流影响一般文人，如公安竟陵派以至于明清间许多名士才子，都走这一路……他们都尊重个性，喜欢狂放，带浪漫色彩。""狂禅派"的出现，使得中国传统文人的个性特征更具有时代的色彩。我们来看公安三袁中的袁宗道在《白苏斋类集》中讲述的一个故事：

　　"于时王龙溪妙年任侠，日日在酒肆博场中。阳明亟欲一会不能也。阳明却，日令门弟子六博投壶，歌呼饮酒。

宋扬　《满地金黄》70cm×34cm 纸本 2018 年

久之，密遣一弟子瞰龙溪所至酒家，与共赌。龙溪笑曰：'腐儒亦能博乎?'曰：'吾师门下，日日如此'。龙溪乃惊，求见阳明。一睹眉宇，便称弟子矣。"（卷二十二）

在这段文字中，王龙溪即是王畿，明代阳明学派的重要成员，他的老师王阳明更是一代大儒，但在袁宗道的笔下，是那样亲切而且生机畅快，完全不是传统意义上的儒者形象。这件事应该是真事，因为《明儒学案》也有记载，但文学家言更反映自己的心境，袁宗道的故事其实是当时文人心神向往的人格特征。

这样的文化思潮，使得明代晚期出现了一次人性的解放运动，旧有的道德整肃和民俗淳朴被一种新的社会风气所替代，追求感官刺激和物质享受的享乐主义开始弥漫开来，"国朝士风之敝，浸淫于正统而糜溃于成化。"（沈德符《万历野获编》卷二十一）这种糜溃，正是由"心"而最终到"身"的解放，崇尚新奇、追求刺激、纵情娱乐成为一种新的生活方式，知识分子也是首倡其道。此时，真称得上是中国艺术史上的璀璨一页，文人内心对自由的那份渴望已经喷薄欲出。徐文长这位旷世奇才，以他类似于梵高的精神性狂躁，开辟了中国文人在艺术中追求自由的新天地。现在来看，徐文长所患的是精神性狂躁症，略通医理的他，称自己的疾病是"易"。《中国医学大辞典》释

"易":"变易也,犹言反常。"这种精神性的反常,并非精神分裂,他的人格并没有崩溃,而是以其"奇"傲立世间,"先生数奇不已,遂为狂疾;狂疾不已,遂为囹圄。古今文人,牢骚困苦,未有若先生者也!"(袁宏道《徐文长传》)徐文长甚至把长长的铁钉钉入自己的耳中来治疗自己的疾病,表现出超乎常情的"奇诡"来。这种违背世情常态的"奇"是对中国儒学讲求的"平和中正"的一次反动,为思想文化的创新提供了新的动力。他的大写意花鸟画,为近世绘画打开了大门。此时的文化人,也彼此声气互通,意趣相投,像袁宏道为徐渭作传的故事,便表现出当时文人对精神理想的认同。袁宏道比徐文长小四十七岁,生前从未谋面。在徐文长死后不久,某一夜晚,袁宏道在徐文长的同乡陶望龄家里,无意中看到徐文长的诗文,不禁惊呼不已,连熟睡的僮仆都被吵醒,于是创作了千古名篇《徐文长传》,使徐文长的声名一下远播海内,而不仅仅局囿于越中,成为了知识分子的一种精神寄托,以至于三百年后,依然有大师愿为青藤门下走狗。

在狂与奇的行为方式中,除了与磊砢不平之气相呼应的愤懑和狂躁外,也有着一丝惋伤和悲凉。唐寅在他的桃花坞,写下了许多《落花诗》。现在很多人都知道《红楼梦》中的黛玉葬花,而黛玉葬花的原型,便是这位吴中才子。"葬花"这一情节，是有出处的。《唐伯虎全集》附录其轶事：

"唐子畏居桃花庵，轩前庭半亩，多种牡丹花，开时邀文徵仲、祝枝山赋诗浮白其下，弥朝浃夕。有时大叫恸哭。至花落，遣小伻一一细拾，盛以锦囊，葬于药栏东畔，做《落花诗》送之，寅和沈石田韵三十首。"

沈石田是唐寅的老师，也是苏州著名的书画家和诗人，他先作有《落花诗》，唐寅因葬花想起此诗，和了三十首。关于林黛玉的原型问题，骆玉明先生有过考证，证明当时唐寅的行为广为流传，为后来的曹雪芹所了解，最后被改造进入了《红楼梦》。唐寅的葬花代表了这个时期感伤的基调，这种基调在文学作品中表现得十分普遍，李泽厚先生在中国美学发展史上认为这一时期可以称作"感伤文学"时期。这种感伤，即是中国由《离骚》而来的痛感文化的延续，也是封建社会在明清达到极度成熟而产生的一种情绪，更是生命自由呐喊的一种表征。

于是乎，在晚明时期，中国文人的性格特征出现了极其瑰丽的色彩，良好的儒学修养使他们始终抱着积极入世的姿态，但现实的残酷又让他们追求田园牧歌的理想不断破灭，他们以佛道释儒，以"狂禅"的方式穿梭于出世的通道。他们推究于儒学的肌理，又遵从自身性灵的召唤，

宋扬 《长物绘·岸边》42cm×56cm 纸本 2016 年

他们有时孤傲冷艳，行为偏执，以奇傲世，但有时又沉醉温柔乡，娱情享乐。此外，又抹不去明珠乱抛、萧瑟此生的伤感。他们既不能忘情于魏阙，又悠游于山林，这种矛盾但又统一的人格特征，成为中国文人的一种基本特点。明代中期开始形成的这种文人个性，使得魏晋南朝文人的风骨、宋元时期的文人风尚得到了承续性的发展，形成了我们现在所说的明清文人风流。这样的人格特征成为中国传统文化人性格特征的主要方面，同时，本文所提到的文人，往往具有这个突出的特点。

明季之后，世风为之一变，"心学"一变为"朴学"，晚明之际的奢靡狂放之风得到了修正，但康、雍、乾数朝骇人听闻的文字狱和科场案，对文人学士的残忍迫害，无疑使广大知识分子不寒而栗，在朝的旦不保夕，在野的落魄失意，文人性格中积淀着那种"习气"往往也表现得十分充分。这种习气，我们现在常常用一个十分简略的名词来形容：清高孤傲。

清高孤傲的文人学士总要去寻找寄托自己情感、消磨时光、展示才华的途径。他们或在山林草野中"隐逸"，或在老庄禅学中求取心理平衡，或在平民社会中卖艺求生。明清时期不少文人墨客如徐渭、唐寅、祝枝山、八大山人、扬州八怪等常常混迹于市井之中，来往于山水之间。郑板桥一朝为官七品，到头来也是解职归里，落到"宦海归来两袖空，逢人卖竹画清风"的地步。现在市场上一幅画卖上百万元的大画家恽南田，一生不应科举，卖画为生数十年贫贱如故，六十多岁在寒舍中离世，其子办不起丧事，还得靠友人王石谷帮助落葬。又如梅翟山（梅清）在大屠杀中家破人亡、妻离子散。陈老莲不为淫威所屈，八大山人宁当乞食"苦行僧"，其景之惨、其情之悲常常为后人拍案长叹！明清文人虽然有不少穷途末路，潦倒落魄，但其"胸中又有勃然不可磨灭之气，英雄失路，托足无门之悲，故其为诗，如嗔，如笑，如水鸣峡，如种出土，如寡妇之夜哭，羁人之寒起。……间以其余，旁溢为花鸟，皆超逸有致"（袁宏道《徐文长传》）。以此抒发满腔郁郁寡欢之怒，聊写胸中寂寥不平之气。明清时期的一些文人这种退让、避世的态度，这种愤世嫉俗的孤傲品格，当然也不是其独有，但是它确实反映了这一时期文人的显著特点。恰恰就是这种特点，使得文人墨客将自己的才华和人文情趣借助于工匠之手、借助于华木，充分呈现其艺术生命的价值，体现其清高超逸的思想品格。

明清的一些文人在情感表现上，确实有其特有的个性特征。他们清高的品格、满腔的哀婉、闲适的情致、人生的理想都倾泻在他们的艺术创作和艺术实践中。正如金农所云："平生高岸之气尚在，尝于画竹满幅时一寓己意。"（金农《竹下清风图》题跋）郑板桥在题画中也写道："画工老兴未全删，笔也清闲，墨也斓斑。借君莫作画图看，文里机闲，字里机关。"（《郑板桥集·题兰竹石调寄一剪梅》）汤显祖一出《牡丹亭》更是宁可要情而无理，直通幽明，为人间真情无视理学传统，发出"人世之事，非人世所可尽"的感叹，于是以"临川四梦"尽泄胸臆。万历年间的袁宏道提出"各极其变，各穷其趣"，独抒性灵，不拘格套。明清文人在他们的艺术世界中"聊写胸中逸气"，而借家具和紫砂壶的制作，宣泄满腔的情怀便是其中一种方式。这种寄托在"神活气静"的器具中的清高品格比所谓"掀天揭地之文，震电惊雷之字，呵神骂鬼之谈，无古无今之画"、"惊天地、泣鬼神"的艺术巨制更耐人寻味。

当然，明清时期文人之清高品格还不仅仅表现为哀婉、愤懑的心境，也反映在远离俗世的庄禅思想之中。如果说明清一些文人的哀婉、愤懑心境造就了其清高品格的一个方面，反映了其儒教功名的报世情怀，那么，有别于儒教思想的庄禅之道又给明清文人打开了"忘其肝胆，遗其耳目"、"死生无变于己，而况利害之端乎"的认识窗口，进入连生死、身心都全忘怀的境界。庄子这种由精神超脱所得到的快乐，即超功利、超生死、超脱人世一切内在外在的欲望、利害、好恶等限制而形成的大境界，是清高品格的另外一面。而后者对明式家具艺术风格形成的影响是相当大的。这种庄禅思想所构成的高品逸气对明式家具的影响，主要反映在"虚"、"静"、"明"的审美情趣上。这种不同一般的感情快乐和理性愉悦是强调人的"心斋"所能得到的"天乐"，正如《庄子》所云："静则明，明则虚，虚则无为而无不为也"；"水静犹明，而况精神！圣人之心静乎！天地之鉴也，万物之镜也"。这就是所谓"天地与我并生，万物与我为一"的最高境界。这种境界构成了"天人合一"的审美态度，也使明清文人的清高品格得到升华，使明清文人在明式家具的创意设计、创作实践中充分展现出"空灵、简明"、天人合一的审美境界，从而使明式家具的艺术成就达到了前所未有的艺术高度，成为世人仰慕的"妙品"、"神品"。

既然文人是那样的清高孤傲，那为什么会与技工匠人合流，通过木材创造出这一中国工艺美术上的巅峰呢？这里就又必须来看到明代晚期的一种社会思潮：流品的世俗化。

我们又要回到那张余象斗的木刻画像。在画中，余象斗是文人的打扮，但他真实的身份，其实是一个刻书的商人，而且并没有多少学问，这可以从他编刻的书籍看出来。余象斗是万历年间人，假如在明代初期，他这样的打扮是不可想象的。明代初期，"高帝初定天下，禁贾人衣锦绮、操兵、乘马"（王夫之《读通鉴论》卷二），这种流品等级的森严，是政治统治的需要，也是道德观念使然。民间更是认为，非类相从，家多淫乱。这样的秩序是封建时代的普遍做法，这就是礼的问题。但到了明代中晚期，这种流品的界限彻底被打破了，士与俗夫的界限更进一步模糊。余象斗的打扮，既是商人向时尚的引领者——士绅的模仿，同时也是社会秩序发生变化的一个缩影。当时"心学"认为，只要致良知就都是圣人，而致良知就是自己突然的发现和顿悟，所以圣贤和凡夫俗子并没有多大区别，王阳明的学生、泰州学派大师王艮公开提出"圣人之道，无异于百姓日用，凡有异者，皆谓之异端"（《语录》），所以，"百姓日用"和圣贤之道等量齐观，文人的平民化倾向日益突出，甚至成为一种风气。像说书艺人柳敬亭、园艺匠人张涟都有文人为之作传，东林党首邹元标提出"父母就是天地，赤子就是圣贤，奴仆就是朋友，寝室就是明堂。"（《明儒学案·忠介邹南皋先生元标·会语》）这样和奴仆做朋友的平等思想，固然有着时代进步的特点，但更多的是一种文人的风尚。顾炎武《日知录》

中谈到,"自万历季年,缙绅之士不知以礼饬躬,而声气及于宵人,诗字颁于舆皂"(卷十三),在这样的社会风气下,文人与工匠的合流,也成为自然而然的事情了。像黄宗羲就专门绘制过服饰图稿《深衣考》,袁中郎有专门研究插花艺术的专著,足以看到文人参与指导工匠的设计制作,是雅兴,也是当时的一种时尚。

虽说明熹宗喜欢在后宫做木匠,但这只能算作他极端的爱好,而有明一代流品的混淆,确也表现在能工巧匠能够获得极高的官职,跻列公卿。木工蒯祥官至侍郎(《双槐岁钞》木工食一品俸条);徐杲匠官出身,官至工部尚书(《万历野获编》);石匠陆祥官至工部侍郎(《古今图书集成》引《武进县志》);更有永乐朝在京师营造宫殿的瓦工杨阿孙,不但官至侍郎,而且有由永乐皇帝赐名杨青的轶事流传下来(《松江府志》)。杨青原来是一个淳朴的劳动者,在他还是宫廷里一个普通的瓦匠时,名字叫杨阿孙。有一天永乐皇帝看到宫殿新粉刷的墙壁上有若异彩的遗迹,这是蜗牛爬行的痕迹,当时惹得这位皇帝好奇地向他左右随侍发问。正在做工的杨阿孙如实地回答永乐皇帝的好奇。随后永乐皇帝得知这个工匠姓名,并笑他乳名未改。永乐皇帝就说,现在正是杨柳发青时节,改名杨青吧。宫殿修成后,杨青得到了专管修缮机关工部侍郎的高官，于是瓦工出身的杨阿孙就成为工部左侍郎杨青了。上面提到的几位工匠，虽然都和营造紫禁城有关，但这也是明代中晚期特有的现象，在此之前以及后来的满清一朝，都没有出现过这样的现象。当时工匠能够跻身朝班，这在心理上为文人与工匠进一步合作提供了更广阔的空间。

中国士大夫文人阶层与手工匠人的合作，有一个文人士大夫传统心理意识的演变过程，也与明清时期特定的历史文化和社会背景有关。

受中国传统思想的影响，士大夫文人一方面不屑于"奔走豪士之门"，像倪云林一样"不为王门画师"，即所谓"富贵不能淫，威武不能屈"的"高人隐士"之"风雅脱俗"，同时又轻视技工匠人，自命清高。宋初大画家李成曾有一段故事是最好的注脚："开宝（968—976）中，孙四皓者延四方之士，知成妙手，不可遽得，以书招之。成曰：'吾业儒者，粗识去就，性爱山水，弄笔自适耳，岂能奔走豪士之门，与工技同处哉？'"（宋·刘道醇《圣朝名画评》李成条）这是最典型的中国士大夫文人两面性格的生动写照。

其实，中国古代绘画史上有许多不朽作品离不开士大夫文人与技工匠人的合作。如二十世纪六十年代在南京西善桥一座南朝墓中发掘出土的《竹林七贤及荣启期画像》，属东晋至南朝早期的作品。画像所描绘的是三世纪中叶"竹林七贤"的"名士"画像，并加一个古代"高士"。画像刻在墓内分列南北的两面砖壁上，画面每壁长 2.4 米，高约 0.89 米。南壁依序刻画的是嵇康、阮籍、山涛、王戎；北壁依序刻画的是向秀、刘伶、阮咸、荣启期。《七贤》所反映的"高人"是中国被认为最早的一批士大夫"狂人"，也对后来的士大夫文人影响最深。《七贤》人物造型丰满生动、衣带线条如"春蚕吐丝"，即早期人物画的"游丝描"或"铁线描"。《七贤》壁画是经过加工，在砖坯上烧成的，线条流畅粗劲，人物表情神态栩栩如生，衣褶纹饰表现立体感强。图中每个人物之间有松、柳、槐、桐、杏等树作为装饰之用。画作保留了东晋至宋、齐间的作品风格遗韵，是难得的"风范气韵、极妙参神"的艺术神品。如此耗工的砖坯烧制砌成的壁画，没有当时绘画艺术高手和制砖名匠的密切配合制作是完不成的。

《七贤》壁画是如此，中国古代绘画史上，有不少作品也是如此。唐宋以来，我国有不少艺术作品是出自名家高手，但更有众多精品是出自于默默无闻的古代绘画工匠之手。比如不少僧道做水陆道场时悬挂的宗教宣传画，虽然有不少是陈陈相因、"成教也助人伦"（唐代张彦远语）、风格呆板的神佛画像，但其中有一些在笔墨、色彩、造型、结构上是极有艺术水准的瑰宝。又如南北朝至唐的壁画，蔚为大观，极为丰富，尤以敦煌所见为观止。所有这些壁画基本上都是民间工匠与士大夫文人不拘身份、共同从事壁画创作的结果。但南宋以后，风气大变，中国绘画以文为主流，遂以卷轴为时尚，比起北宋之前的唐宋壁画的大气概不及万一。明王绂在《书画传习录》中云："大约古人能事，施于画壁为多，唐、宋所传不一而足。其作画幛，均属大幅，亦张素绢于壁间，立而下笔，故能腾掷跳荡，手足并用，挥洒如志，健笔独扛，如骏马之下坡，若铜丸之走阪。今人施纸案上，俯躬而为之，腕力掉运，仅及咫尺，欲求寻丈，已不能几，宁论数丈数十丈哉。"时至明清，世风渐开，南宋以来的文人清高孤傲之志有所转变。文人与技工匠人的合流逐渐呈现新的时尚，历史又进入了一个新的轮回。

魏晋时期，文人虽有了第一次性格的自觉，但他们门阀贵重，孤芳自赏；到宋元，文人与社会底层的接触日益加深，但也只限于舞榭歌台、秦楼楚馆；到明清之际，文人平民化、世俗化的倾向更为突出，与世俗生活的相融度也更加提高，所谓"圣人之道，无异于百姓日用"。这时，文人的气质、学养、审美理想进一步进入世俗生活，更重要的是文人的介入提升了世俗生活，精神世界的物化现象就极为鲜明，明式家具就是典型的代表。文人墨客从以前的纸上世界、字里乾坤，进一步开始发展到在木上抒情，这是文人世界中一个十分有意思的现象，也是文人在中国艺术史上的一个逻辑性的走向。

当时文人与百工匠人的亲密接触，其实并不是技术性的合作，在中国文人的内心世界里，器物之中浸透着更为深广的人文情怀。如侯方域在《秋园杂佩序》中更强化了这种情感：

"古人或佩韦焉，或佩弦焉，或佩刀剑以示威焉，或佩玉以比德焉，示不敢忘也。陈子意者，当天地闭塞之时，退而灌园，有不能尽忘者耶？其词微，其旨远，其取类也约，其称名也博。文武之道，未坠于地，识小云乎哉！"

在侯方域"这难道是记录一些琐碎小事"的反问中，我们可以感受到更多更复杂的情感。对于古代文人来说，诗词文章这样的经国大业也常被称作雕虫小技，而在这木工技艺中，往往又寄托着文人的大情怀。正是这种大情怀，使得明式家具有了更广远的人文意义，从而在艺术史上占有一席之地。

每当漫步在东林书院遗址，常听到游客对书院陈设的明式家具发出的赞叹，不禁想起陈设者、参观者是否都体会到明式家具的艺术真谛，是否都体会到和东林党们同时代的一些文人墨客借助于创作家具所寄寓的那种精神世界的"天乐"。当然，笔者由此也会联想到"鱼之乐"之问："子非我，安知我不知鱼之乐？"我想，今天的人们通过观赏明式家具超时空、超民族、超国界的永恒艺术之美，去体会明清文人参与明式家具设计和创作的艺术情趣，去体会明清文人在明式家具中所寄托的审美心态，去体会明式家具中所展示的明清一些文人"自心是佛"、安静闲恬"清净心"的遗韵，所得到的应该是大大超越其物之外的。

一种超越一般工艺品之上的艺术神品，其艺术创作必然受特定的社会背景和艺术史观影响，必然受艺术神品创作者们的人生境界和艺术品格影响，这就是笔者在叙述明清文人和明式家具时所要道明的一个要旨。不把这一要旨阐述清楚，也就无法真正打开明式家具艺术殿堂的大门。

方圆结合，承天象地

《周礼·考工记》云："辐人为辐……轸之方也，以象地也，盖之圜（通圆）也，以象天也。轮辐三十，以象日月也……"，明确指出器物可以象征天地方圆，日月星辰。中国古人一般用乾坤来解读天地方圆，即乾为天，坤为地，代表宇宙万物轮回往复，生生不息。这种时空上的方圆观，体现了包容与和谐，圆融与会通的智慧，又体现了实事求是，遵守规矩的精神，从而实现"从心所欲而不逾矩"的所谓圣人境界。古人的这种传统易学文化也在传统器物制造中得到反映，特别是在明式家具的设计制作中，演绎得更为淋漓尽致。

圈椅，是明式家具中最能体现"天地方圆"理念的经典之作。它因靠背形状如圈而得名，椅背连接着扶手，视觉上自左右顺势圆转而下，十分顺畅，椅腿就着横枨，给人一种四平八稳又不失刚正的感觉。它是方圆结合、承天象地的经典造型。圈椅的扶手以圆为主旋律，体现圆满、和谐、动感；圈椅的底座方方正正，体现稳健、宁静、规矩。圈椅，最基本的形式是素圈椅，注重通体的光滑素雅，椅盘之上为圆木椅圈，后背和扶手一顺而下，注重对人体肘部、腹部、臀部的支撑。椅盘之下外圆里方，三面素牙条，暗合天圆地方的传统思想。整体除靠背板上有简单的雕刻，扶手鹅脖之间有小的角牙之外再无其他的装饰。不管是黄花梨、紫檀还是其他材质，不管是多么坚硬都要处理出圆润柔软的感觉，不管摸哪里，其精湛的做工都必须达到滑不留手的程度。其上圆下方的造型，象征天人合一，圆融和谐，稳健宁静，诠释着圆满、平安、动静、虚实、阴阳平衡的哲理，展示圈椅主人虚怀若谷，海纳百川的堂堂正正的君子风度，也体现了古人"道器相依"与"道在器中"的传统理念。以此来呈现传统古典家具规范人心的礼仪教化。

几百年来，明式家具之所以成为经典，它所具有的丰富内涵的价值力量是不可忽视的。但时到如今，人们更看重的是其艺术价值和收藏价值。明式家具在制作过程中，始终是在方圆之间展开。简约的柔和，曲中带直，曲而不弯，寓刚于柔，即各类直线与曲线的组合，使家具形制在空间的线条组合上充满了艺术感召力。在中国传统文化里"圆"是一个最基本的文化标志，做人，要讲究处事的圆通；做事，要讲究功德圆满；做器，要讲究器物的圆润。圆在中国传统文化里代表了不偏不倚的处事之道，正是匠人们意识到了"圆"在家具中的独特性，才将长期积累下来的丰富经验融汇成集柔婉的线条、圆通的空间与修长的形体为一身的令人赏心悦目的艺术品。经典作品给予人们的美感是多方面的，其造型大方、比例适度、轮廓舒展、榫卯精密、坚实牢固、选料精到等均是构成美感的因素，更何况其在工艺和艺术水准上都达到了世界之最。但在我看来，明式家具的美最主要的还是体现在结构简洁、功能性强、装饰严谨、精致典雅、融实用性与艺术性于一体，显示明式家具构造的流畅灵动、圆融柔和的形、神、意俱全的独特风格。其真正的魅力在于既得于物，更得于物外。使明式家具的中国意味的仙风禅意蕴藏着无穷的人文内涵，由此也给予世界以独特的魅力。

　　明式家具的独特艺术神韵，这又与明代中后期士大夫阶段"儒释道"合流的宗教情怀有关，即在于它的"静气"和"禅味"。建立在"反观内心"的心学基础上的审美观，直接影响了日常生活，使包括明式家具在内的器物制作有了精神性的寄寓，成为心灵世界的物化呈现。

　　明式家具中的经典作品为我们呈现的是"天然淡泊"，即"对之穆然，思之悠然而神往"。凡称之为"精品"、"神品"、"逸品"的经典作品，都会有一种无烟火气的形、超尘脱俗的骨、娴静闲逸的情和寂寥空灵的味。这些特质使文人墨客们为之澄怀凝神，静观默想，产生一种天成之技、虚静之态、静穆之境的感觉，决无"火"、"燥"、"露"、"俗"的体现。概括起来讲，经典作品必然会达到

"方圆融合"的神韵，产生"几案有一具，生人闲远之思"的效果，表现出特有的"静气"和"禅味"来。

在这里我们又不得不提到明代中后期士大夫阶层的宗教情怀问题，也就是说儒释道的合流问题。对于这个问题，我们以前经常从理论层面来认识，但更进一步从当时文人的心理层面、审美层面来理解，这种合流更明显。

顾炎武《日知录》十三卷中提道："南方士大夫，晚年多好学佛；北方士大夫，晚年多好学仙"，这种南北的说法，大概在当时颇为流行，例如绘画就分南北两宗，《日知录》还提到南北风化之失、南北学者之病等等。这里的南北，其实是很笼统的说法，其实际情况是南北互通的。

明黄瑜在《双槐岁钞》中记录了一个科举故事：

"正统戊辰科进士，首甲三人，时称儒道释。状元彭时，安福儒籍。榜眼陈鉴，家本姑苏，谪戍盖州卫，依神乐观道士，年三十四矣，然犹未娶，出家故也。探花则会元岳正，通州漷县人。父，府军卫指挥兴，蚤世，生母刘，或曰陈，莫知其姓。幼避嫡妒，居大兴隆寺，故人以释目之。"

这个故事当然有玩笑的成分，但儒道释正凑齐三鼎甲，当然是有趣的谈资，也正反映了当时的风气。其实在当时，文人们不仅在理论上打通了儒道释的关节，在心理层面上，也达到了同样的一种境界。

我们再来看佛教造像的微笑。

1996年发掘的魏晋南北朝时期的山东青州龙兴寺古佛教寺庙，其中出土了大量的佛教雕塑，这是佛教艺术的重大发现，我们认为这是佛教进入中国后重要的一次"亮相"，它是宗教本土化后最重要的遗存。当时玄学、儒学思想、佛教相互影响、相互融合渗透，在艺术风格上显现了中国佛教演变并最终成形的某些特征。青州造像头部造型从最早犍陀螺式的造像特点逐渐变化为肉髻微凸，面相圆润，略显长形，已没有早先佛教雕刻的那种高肉髻、眼睛曲张较大、脸面方形的造型特点。整体造型上，肩宽胸硕而腹细，整个造像上下成圆筒状，全身服饰雕刻如"曹衣出水"，轻薄贴体，将身体的线条勾勒得清清楚楚；神态温和，给人以敦实沉稳的力量感和质朴亲近的温暖感。我们注意它的脸部特征，这些造像往往双眉细弯，双眼微睁，唇角口尖，嘴角含笑，特别是鼻口相应，显现出一派舒展、亮丽、安详、高洁的神态，这样的静穆与神圣，表现了怡适清雅、平淡天真之美。

关于微笑，美学界认为魏晋时期曾经历了从神秘的微笑向平和开朗的世俗化微笑转变的过程，证明了佛教从弃世的宗教向人间情怀过渡的过程。宗教以微笑招揽信众，这本身就是个奇妙的开始。畏惧和悲剧往往是人与神交流的序曲，而微笑是人与人关系的纽带。其实，佛像造型从开始就有十分浓烈的现世情怀，这种现世情怀，哪怕以来世来许诺，也是现实的。

当我们看到这种微笑时，首先感受到的是什么？是向往，是提示，是启发。在这样宁静美好的微笑中，突然感到了自己的缺失。生活是那样的纷扰，而微笑着的人其实也可以是你。这种微笑是一种静谧，是摆脱后的静谧；这种微笑也是一种满足，是自由的满足。人对外部世界的恐惧、困扰，最后可以通过对心的管理，产生一种微笑。中国的宗教，其实是自己对自我的拯救。

寻找生命的一种寂静或许是中国宗教的一个基本命题，这种寂静，是逃避式的超越，逃避红尘的烦扰，逃避生命的困惑，逃避命运的作弄，但在逃避中也获得了自由，这种自由是生命的自由，是自己对自己的解放。他没有把自己交给谁，而是自己成为了自己的救世主，宗教情感也就在现世的平台上实现了。

最终，禅宗作为中国的宗教确立了主导地位。禅宗其核心是一种人生观，进而影响中国人的艺术观。同样，在儒道释的合流中，我们可以看到，对心的管理的基础上，形成了一种共同的心理基础。

在禅宗中，其北宗的"凝心入定，住心看净，起心外照，摄心内证"（宗密《禅源诸诠集都序》卷二），南宗的"若起真正般若观照，一刹那间，妄念俱灭"（《坛经·般若品》），都讲究所谓的禅定，是摒除杂念、反观内心以澄澈天地的一种"心法"。在道家中提倡的"存念真一，离诸色染"（《沐浴身心经》）、"千日长斋，不关人事"（《道藏》洞真部谱箓类），也同样是追求一种超脱返观的"心法"，这种近乎于入定的方法，和士大夫参禅过程中在心理层面的感受和追求，是大致一样的。作为"明知不可为而为之"的积极入世的儒学，此时在"心学"的基础上，开始在格物致知上下细致功夫，其中对"良知"的体悟，也使士大夫对儒学理论的研究转向对内心的体悟，甚至出现了所谓的"归寂派"。归寂派的主要代表是聂豹（号双江）。这位聂双江先生认为："一曰良知者，虚灵之寂体，感于物而后有知，知其发也。致知者，惟归寂以通感，执体以应用，是谓知远之近，知风之自，知微之显而知无不良也。"（《双江聂先生文集》卷四）这其中的"归寂以通感"，聂双江自己也认为近乎禅定。在晚明时期，儒学出现了神秘主义的倾向，这与心学的返观内心有着十分重要的关系。所以，儒道释的合流，其实并不简单只是义理的融合，在心理层面上，也开始形成十分接近的某种状态，这就是追求一种空寂静湛的境界，寻求心灵的某种顿悟，以求心体的呈露。

正是这种心理层面的"心法"，直接影响了审美观念。李泽厚认为，"中国哲学思想的形成不是从认识到宗教，而是由它们到审美，达到审美式的人生态度和人生境界"（《李泽厚哲学美学论文选》），正是说明，宗教最后对中国影响最大的是审美观。

这种审美观，不停留在理念上，更是存在于日常生活中。因为儒家讲求的是日常家用，它既不是远离尘世的苦修，也不是万千寂灭的枯槁，而是那样充满温情同时又高蹈出尘的一种美感。这种充满灵气和禅意的表现，既表现在书法绘画等士大夫艺术上，在明式家具上也体现得十分充分，而且更意味深长。

我们再看明式家具的典型作品，神形兼备，工艺精湛，内涵丰富，除了生活中实际受用之外，其艺术价值和艺术品味更令人赞叹不已。谈及明式家具的精妙之处，当代大收藏家王世襄归为简练、淳朴、厚拙、凝重、雄伟、圆浑、沉穆、浓华、文绮、妍秀、劲挺、柔婉、空灵、玲珑、典雅、清新等十六品。这些评判标准是与中华民族的文化和生活传统相关联，与文人墨客的习性喜好相互通融

宋扬　《长物绘·冰裂玫瑰》71cm×34cm 2017 年

的。样式各异的明式家具力戒"火"、"露"、"燥"、"俗"之气，超凡脱俗，静穆闲逸。其实，经典作品之所以经典，除了工艺超群、用料考究、经久耐用，除了反映文人墨客的价值取向，除了表现美学标准和心理文化外，这些经典作品所反映出来的"静气"和"禅味"是更能表达其本质的东西。所谓"静气"，清代大画家王翚和恽寿平早已断言："画至神妙处，必有静气。……画至于静，其登峰矣乎。"（笪重光《画筌》两家注评）就是将"静气"作为绘画之事的美学最高境界。如此神妙的境界究竟是什么呢？"静气"就是反映作者在绘画过程中呈现的人文修养，所具有"宁静致远"的心理状态，"意存笔尖"的艺术表现手法等诸方面综合过程的物化形式。

明代中晚期，由于外部世界的纷扰，士大夫所具有的对心灵的管理能力也达到了一个历史的高点，这种人生观表现由外转内，追求隐居避世，独善其身，达到内心的安宁。明代大画家董其昌终其一生致力于禅学、庄老。他充分获取历史积淀的深沉智慧，自觉打通绘画本身与其他学问的内存关联与精神气脉。他对绘画形而上本体的探求，融合了先秦儒家性命之学和禅宗之心法，在绘画上化情起性，习气顿除而入本心，直追心源，达到"凡圣融摄而自在无碍"的境界。他向往沉静、肃静、雅洁，使其艺术创

宋扬 《长物绘·芭蕉》98cm×36cm 2018 年

造充分展现紧密、丰润、厚醇、清逸的特质。他致力于清空体象的确立，达到不为外物所累，不为性情所累，造就静雅、秀润、空灵的气韵。也正如宗白华在《美学散步》中所云："禅是动中的极静，也是静中的极动，寂而常照，照而常寂，动静不二，直探生命的本源。禅是中国人接触到佛教大乘教义后，体认到自己心灵深处，而被灿烂地发挥到哲学境界和艺术境界。静穆的观照和飞跃的生命，构成艺术的两元，也是禅的心灵状态。"董其昌通过对禅说的探究，将一种宗教感情转化为审美体验，将人间的悲欢离合、七情六欲引渡至空无永恒的境界。可见，明清文人以诗文为寄，以书画为乐，以玩物为趣，无在乎外界的纷争，而达到外界生活与内心世界的统一，达到宇宙精神与个人思想行为的一致。可以说，董其昌的禅宗和庄老认识，体现在其绘画艺术的精微、中和、蕴藉、质实、疏宕、浑茫、壮阔、雄伟、空灵、清幽、雅秀、淡远，会集在老子"致虚极、守静笃"、"是谓复命，复命曰常"的静穆平淡境界之中。而这种境界就是董其昌《画禅室随笔》中所云："凡诗文家客气、市气、纵横气、草野气、锦衣玉食气，皆锄治抖擞，不令微细流注于胸次，而发现于毫端……渐老渐熟，渐熟渐离，渐离渐近于平淡自然，而浮华刊落矣，姿态横生矣，堂堂大人相独露矣。"以董其昌作于万历四十五年（1617 年）丁巳的《高逸图》轴为例，此画是董其昌在游宜兴时的乘兴之作，并题诗曰："烟岚屈曲径交加，新作茆堂窄也佳。手种松杉皆老大，经年不踏县门街。"又题："道枢载松醪一斛，与余同泛荆溪，舟中写此纪兴。"《高逸图》题赠蒋道枢丈，画法似倪云林法，逸笔草草，以侧笔为主，绘一河两岸、数株杂树，皴擦兼用，有轻有重，其佳处笔法秀峭，淡然天真。这完全表现了董其昌渴望平淡自然生活、追求幽深清远意境的审美趣味。在烟消日出之时，会欢然消失于山青水绿之中，消失于历史的黎明之中，以求得彻底的解脱和退隐之道。

除上文所述之外，在明式家具的设计、制作过程中同样也反映了这些因素，以达到澄怀静观的要求，也就是在达到"画到精纯在耐烦，下帷攻苦不窥园"（松年《颐园论画》）的高度纯熟技能技法基础之上，臻于"不知然而然"的境界。同时，又要求"兴高意远"和"气静神凝"，动静相济，"神闲意定则思不竭而笔不困也"（郭若虚《图画见闻志》），以保持"物我两忘"、心醉神迷的心态，达到静穆之气盎然的状态。就一张简练的椅子而言，雅致的造型，绝佳的饰铭，都渗透出浓郁的文人气息。这种"静气"在绘画中体现为上乘之作，在明式家具中体现为逸品、神妙之品。这种逸品也充满着静气禅味。所谓"禅味"，就是一种清净无杂念而又与万物相融的精神，就是一种轻松、平静而又纯朴的气氛，就是山水画中体现的"禅宗之超然襟怀最易与萧疏清旷之山水融为一体"，在山水画中另辟一天地，使画境与禅心结合。五代宋初作简练纵逸、奇倔夸张人物的石恪，宋代以"减笔"作禅宗人物的梁楷，以及作"随笔点墨而成，意思简当，不费妆缀"（《图绘宝鉴》）的花鸟、山水、人物的释法常等人，都曾挥写过精彩的"禅味"人物画。笔者家乡的元代大画家倪云林的山水画"逸笔草草"，清人物画家顾应泰的《四才子图》都是具有"禅味"的。而这些"禅味"也同样反映在文人们欣赏和把玩的家具及陈设中，前面所举的几例都洋溢着这样一种"禅味"之气。与此同时，关于家具的禅味，文震亨在《长物志》中也有论述：

"短榻高尺许，长四尺，置之佛堂、书斋，可以习静坐禅，谈玄挥麈，更便斜倚，俗名'弥勒榻'。"

禅椅"以天台藤为之，或得古树根，如虬龙诘曲臃肿，槎牙四出，可挂瓢笠及数珠、瓶钵等器，更须莹滑如玉，不露斧斤者为佳，近见有以五色芝黏其上者，颇为添足"。

文震亨所提到的供习静坐禅的家具设计，固然是功能性的设计，但其精神性的特点也是十分鲜明的。我们可以得出结论，具有"禅味"的明代家具，必然存在于产量不高而质量极高的经典作品之中。

我们不难看出，明式家具之所以能在海内外受到热捧，除实用功能外，其自身的不凡艺术内涵和具有特质的"静气"、"禅味"，是一种强烈的挥之不去的艺术魅力与视觉冲击，是渗透在经典作品中的艺术神韵。这"神韵"的核心就是将中国古代的阴阳、天地、方圆的易学理念，也就是动静相济的"中庸"理念充分体现在明式家具经典作品的创作中，成为这些理念在现实中的物化存在。

明式家具所展现出来的方与圆相统一的和谐之美，也就是骨子里透出来的微笑曲线之美。方和圆，曲和直，硬与软的协调，简简单单彰显着特有的灵性和气韵，仿佛风中柔美的丝带，如潺潺流水般顺畅，放飞着内心的张扬，又似层层凝脂般圆润，聚敛着谦逊儒雅，背板稍显弯曲的弧度正好为身躯提供一个支撑点，使身躯挺直而又不显僵直，如君子风范，笑容可掬，卓越不凡。

道通天地，思入风云

　　明式家具的空间架构是一个重要而且复杂的问题。中国传统文化艺术离不开"天、地、人"关系，天人合一更是中国人与自然和谐相处的核心理念与最高境界。屋顶之下的家具陈设，以及与之匹配的几案摆件都源于自然，并以自身的物质存在与天地相连，彼此围绕人的活动而相互照应。明式家具结构也常被称之为"线型结体"形式，与传统中国式木构建筑的间架结构相得益彰。明式家具成熟期的时间相对较晚，确实滞后于古代木构建筑，且受古代木结构建筑工程结构原理的影响和启迪。传统的各类中式风格建筑，大小不一，错落有致，排列有序，既丰富多样，又和谐互补，其形制构架在不同建筑间相互呼应。那些歇山、悬山、卷棚、庑顶、重檐等古建筑"构造文法"也不同程度地出现在明式家具的间架结构中，成为与建筑浑然一体的装饰元素。大多数明式家具的结构体系，木料部件间的连接关系都是重合的榫卯结构，既源于传统木结构建筑，而又远胜于木结构建筑。这种神奇的传统木结构的空间架构关系又都归于空间天际线之下，达到物与物、人与物、人与自然，大小空间架构之间的相互关联与统一。

　　把明式家具放在明代特定的文化生态和家居环境中去考察，即与园林、建筑、诗文、风俗、艺术品鉴等结合，可以更清晰地洞悉文人在明式家具上投射的文化意蕴。在文人营造的艺术化的人居环境中，家具不再是单一的物质存在，而是符合天人合一原则的大环境的一部分，是生活艺术化的结晶。

文人们将其生活趣味、人文倾向、文化品味和地方民俗、传统习惯全都融合在一起，将饱含气韵心神的用具恰到好处地融入到居家场所和日常生活之中，不显不露地沁透出他们的胸臆之气和云游天宇之思，于芥子之中见大千世界，其细微雅致又精骛八极的放合，让人们领悟到了这些文人是如何利用外物而营构天人合一的意境。如典型的南方家居客厅和园林厅堂这一类公共空间，常常是中间壁上陈设中堂挂轴，下置长条案，条案前摆放大方桌，方桌两侧各置一椅。无锡东林书院正堂家具摆设就是如此。其中堂挂轴两侧挂了一副天下名联"风声雨声读书声声声入耳，家事国事天下事事事关心"，堂屋中间两侧各放两把明式四出头官帽椅。《红楼梦》作为明清时代的百科全书，对当时的生活情状作了写真式的描摹。从家具研究的角度看，在博大精深的红楼中，曹雪芹描述的家具种类非常丰富，有榻、床、桌、椅、墩、凳、几、案、箱、柜、架、屏风等。《红楼梦》第三回讲述林黛玉初进贾府时，呈现了这样的场景："原来王夫人时常居坐宴息，亦不在这正室，只在这正室东边的三间耳房内。于是老嬷嬷引黛玉进东房门来，临窗大炕上铺着猩红洋毯，正面设着大红金钱蟒靠背，石青金钱蟒引枕，秋香色金钱蟒大条褥，两边设一对梅花式洋漆小几。左边几上文王鼎匙箸香盒，右边几上汝窑美人觚内插着时鲜花卉，并茗碗痰盒等物。地下面西一溜四张椅上，都搭着银红撒花椅搭，底下四副脚踏。椅之两边，也有一对高几，几上茗碗瓶花俱备。"在第五十三回中也有一处描述："东边单设一席，乃是雕夔龙护屏矮足短榻，靠背、引枕、皮褥俱全。榻上设一个轻巧洋漆描金小几，几上放着茶碗、漱盂、洋巾之类，又有一个眼镜匣子。"鲁迅先生读私塾的寿家堂屋"三味书屋"的陈设也是如此。这是一种非常典型的中堂环境布置格局。当然，多个不同的单体空间根据其功能不同，设置的情况也各有特色。以江南古典园林中楼、厅、堂、轩等内部的家具陈设为例，我们不难发现其既是不可缺少的实用品，又是美化室内空间的手段。由于主人的身份地位、经济状况、生活方式和审美情趣的不同，其室内家具的摆设风格也就各异，有的古朴典雅，有的纤巧秀丽，有的华丽富贵，有的朴实大方，充分反映了江南的生活方式和文化审美特点。

朱家溍先生曾在《故宫退食录》中为我们描绘了古代

家居布置的绝美标准："紫檀四面平螭纹画桌，原为明代成国公朱府旧物。这一组陈设是：桌后为明代彩漆云芝椅，桌前为紫檀绣墩，桌的一端紧靠明紫檀大架几案，案依墙而设。墙上正中挂的是董其昌《林塘晚归图》。左右挂的是龚芝麓草书楹联：'万花深处松千尺，群鸟喧时鹤一声。'案上正中设用庚君鼎，左右设楠木书匣。画桌上设祝枝山题桐木笔筒、均窑洗、宣德下岩端石砚等。"朱家溍想说明的是，优美的家具绝对不是孤立的，它是整个环境艺术的一部分，但他讲述的范例，实在是过于经典了，几乎难以企及。我们不妨来看看江南园林中家具的摆放情形。

以苏州留园林泉耆硕之馆为例：北厅屏门正中刻有冠云峰图，屏风前的红木天然几上摆设着灵璧石峰、古青铜器、大理石插屏，八角窗下置红木藤面的榻床，南厅正中屏门刻有俞樾所撰《冠云峰赞有序》。屏门前置红木藤面的榻床，两旁放五彩大花瓶，红木花几上供放着四时鲜花。厅内廊下悬挂着高雅的红木宫灯，南北两面落地长窗裙板和半窗堂板上分别刻着渔樵耕读、琴棋书画、古装人物、飞禽走兽等图案，东西墙壁上则悬挂着红木大理石字画挂屏。这些家具书画等陈设，确实为室内添了不少雅趣，是江南园林厅堂布置的精美之作。

其实江南园林中最有趣味的当属馆、轩、斋、室、房及其陈设。这类建筑的体量比厅堂小，在园林中所处的地位不显眼。真所谓"亭台到处皆临水，屋宇虽多不碍山"，其布置方式、建筑形式和装修都比较自由活泼，不拘泥于一定的形制，而注重环境的协调，形成具有个性的园林景观。如苏州沧浪亭中的翠玲珑是"馆"中颇有特色的建筑，它由一主二次三座小体量建筑组成曲折形平面，穿插在竹林中，人在室内可见四周窗外竹叶摇曳，一片翠绿，正如沧浪亭园主、宋代诗人苏舜钦的咏竹诗所描绘的意境："秋色入林红黯淡，日光穿竹翠玲珑。"其室内家具也以竹节纹装饰，更添一份情趣。再如杭州西湖西岸郭庄内有纪念苏东坡的"苏池"，两宜轩则横跨池上。东坡名句"水光潋艳晴方好，山色空蒙雨亦奇"，晴方好、雨亦奇，两宜也。而轩形式别致，家具陈设古色古香，也是"两宜"，充分反映了中国古代士大夫"穷则独善其身，达则兼济天下"的人生哲学和处世心态。

当然，建筑与家具、环境的协调历来为中国古代文化雅士所重视，它不强调流光溢彩，即使有着丰裕的条件，亦不尚奢华，而以朴实高雅为第一。不事张扬，不求奢华，深信"景隐则境界大"。正如李渔在《闲情偶记》中所云："土木之事，最忌奢靡，匪特庶民之家，当崇俭朴，即王公大人，亦当以此为尚"。明文震亨在《长物志》中亦云："高堂广榭，曲房奥室，各有所宜，即如图书鼎彝之属，亦须安设得所，方如图画。云林清秘，高梧古石中，仅一几一榻，令人想见其风致，真令神骨俱冷。故韵士所居，入门便有一种高雅绝俗之趣。"建筑园林是以假山真水营造城市山林，形似私密却能接容天地；陈设用器法自然而穷精致，出神入化而形气互通，可见明式家具的简约与同时期室内陈设、园林、建筑、环境的风格是协调统一的。我们可以从这种风格统一中再次领略到明式家具的特有魅力，同时我们也可从中明白，那时的文人们所以独青睐于明式家具，并无止境地去再创造，原因正在于他们欲通过用具来寄寓自己的心绪，展露灵性。

　　中国古代文人决不因为有了独善其身的园林，有了"无事此静坐，一日如两日"的官帽椅就作罢，他们还需要有"几案有一具，生人闲远之思"的紫砂茶壶把玩于手中，品茗生津，更需要有一边品茗，一边观赏昆剧的士大夫生活。究其竟，是为了体现出他们的格调之雅、品位之高而已。免俗，也是对世态的一种逆反。余秋雨曾说："某一种文化如果长时间地被一个民族所沉溺，那么这种文化一定是触及到了这个民族的深层心理。"他又认为："每个民族都有一种高雅艺术深刻地表现出那个民族的精神和心声。"（余秋雨《笛声何处》）历经两百余年辉煌的昆剧，作为一种"雅乐"，本身就是文人们所爱。再者，如汤显祖的"临川四梦"，梦一个接着一个，上天入地，天上人间，某种程度上正符合了文人们的审美情趣，揭示着他们的精神奥秘。无锡城西有一座钦使府第，为清末出使欧洲的外交家薛福成的故居。薛家为江南望族，其宅东隅有花厅戏台，为园主观戏品茶之处。北面为三开间的堂室，室内陈设明式官帽椅，一字排开，中间相隔为茶几，几案放紫砂茶壶和点心碟盘。堂室的门可以卸装，观戏时打开或卸下。堂室前面为一小池塘，池塘四周用太湖石垒起假山，并植有石榴、罗汉松等树。池塘南岸横空架起戏台，东西两边有连廊相通。整座故居融园林、戏台、建筑、家具、茶壶于一炉，构思巧妙。我们可以想象主人是何等用心，又是何等得意。置身于江南园林之中，坐着明式凳椅，手握紫砂茶壶，用二泉之水泡碧螺春茶，有红袖添香，品经典名戏，一唱三叹，轻歌曼舞，是何其惬意啊！士绅宾朋、名媛佳人、梨园生旦汇聚于此，又是一番何等的情景呢？真可谓身处锦绣繁华之地却别有洞天，何等怡然自得。

我大学读书时曾数次去如皋水绘园游览，联想起当年明末四公子之一冒辟疆携秦淮名妓、绝色美人董小宛辞别六朝故都金陵，移居如皋水绘园的情景，感慨良多。冒辟疆明末举副贡，特授台州推官，不赴任。当时极负盛名，与侯方域、陈贞慧、方以智号称"复社四公子"，明亡后隐居不出，多次拒绝清朝官吏推荐。水绘园占地百亩，四面环水，园内积土为丘，临溪架桥，水竹弥漫，杨柳依依。徜徉园内，有两处建筑为后人所景仰。水明楼倒映于烟柳之中，信步入室内，明式家具高贵典雅，博古架上瓷瓶玉器古色古香。悬挂在前轩墙上的冒辟疆、董小宛的画像格外引人注目，不禁使人萌生缕缕怀古之情，更能引发出对冒、董二人动人爱情故事的美妙遐想。冒辟疆著《影梅庵忆语》则记其姬人董小宛事，书中云："姬性淡泊，于肥甘一无嗜好，每饭，以岕茶一小壶温淘，佐以水菜、香豉数茎粒，便足一餐。余饮食最少，而嗜香甜及海错风薰之味，又不甚自食，每喜与宾客共赏之。姬知余意，竭其美洁，出佐盘盂，种种不可悉记，随手数则，可睹一斑也。"寒碧堂背林面池，当年冒氏与友人在此堂上品茗，欣赏由昆曲曲师苏昆生排练的《牡丹亭》《邯郸记》《南柯记》等，琴声、笛声、歌声扣人心弦。冒氏云："时人知我哉，风萧水寒，此荆卿筑也；月楼秋榻，此刘琨笛也；览云触景，感古思今，此谢翱竹如意也。"水绘园幽深隐重，名士佳丽，清茶淡饭，青衣红袖，慧心巧手，一饮一

宋扬　《长物绘·佛手莲香》55cm×44cm 纸本 2017 年

啄，密语谈私，闲庭信步，杨柳晓月。其景、其情，可谓情切切、意浓浓，别有一番滋味在心头。然于此深处，怎会不思及"念天地之悠悠"？只不过是聊借外物以宣泄罢了。

明清文人喜出游，寄情于山水之间，董其昌在他的《画禅室随笔》中记载："惠山寺余游数次，皆其门庭耳。壬辰春与范尔孚、戴振之、范尔正，家侄原道共肩舆，从石门而上，路窄险孤绝，无复游人，扪萝攀石，涉其巅际。太湖淼茫，三万六千顷在决眦间，始知惠山之全。"不仅如此，文人出游，还常常带上桌、案等家具和泡茶用的茶具。有的还自己设计一套在山峦野亭中使用的家具（如案、几、提盒等）和茶具，以便使用。择一幽静胜地，饮一勺上好泉水，享受自然，享受茶饮。以"吴中四杰"文徵明、唐寅等为代表的明代文人对家具和品茗情有独钟。而茶和家具又成了文人画中不可缺少的组成部分。如文徵明的《惠山茶会图》、唐寅的《事茗图》、王翚的《晚梧秋影图轴》等等。文徵明的《惠山茶会图》创作于明正德十三年（1518），图中反映清明时节，作者与好友蔡羽、汤珍、王守、王宠等游历无锡惠山，在二泉亭处以茶雅集的场景。在幽幽的山峦深处，苍松翠柏之间，有闲亭一间，亭下有一古井，亭旁放一张安置茶具的桌案。图中共有四位文士和三位侍者，其中两位文士围井栏而坐，似观泉水状。在井亭旁的两位侍者正在烹茶，红色的桌案上放着茶具，另一侍者正蹲踞在竹茶炉边扇火煮水，竹炉上一把茶壶。另外两位文士都在山径小道上攀谈，整个画面表现出一派闲适幽静、怡然自得的气氛。惠山泉水甘甜可口，极宜泡茶，被唐代陆羽称之为"天下第二泉"，在苏州以北的无锡，路途不远，文徵明常携友到此地品茶相聚。明代文人雅士远离尘俗、品茗抚琴的闲适生活图景跃然纸上。王翚《晚梧秋影图轴》，此幅画作于丙寅之秋（1686）。王翚与恽南田两位前朝遗民，在满天星斗的秋夜，一起体味造化之中墨色淋漓的潇洒，相互倾诉遗老岁寒的艰辛。他们俩一个应召为御用画家，一个以遗民身份隐居，虽所处格局不同，但彼此之间并未产生分歧和隔阂，倒是相互切磋，互相扶携。在清风朗月之下，他们相互评价，相互题跋。王翚在他的画图中用酣畅的笔墨记下了这一颇有浪漫色彩的时刻。画图绘两棵梧桐、两棵柳树，间以松竹、杂树等。树下有茅屋和廊架坐落在小溪旁，茅屋里面放置一张明式大案。两位年过半百的画家，在柳树、苍松下，溪水边，仰首而坐，陶醉在溪水潺潺、秋高气爽、心心相印的天人合一的自然图画之中。这正是两位大画家闲逸生活的生动写照。恽南田墨色淋漓、妙笔生花，挥毫记下了两位知己谈心的生动景象，并题七言绝句："鱼窥人影跃清池，绿挂秋风柳万丝。石岸散衣闲立久，碧梧阴下纳凉时。"并记："丙寅秋日，石谷王子同客玉峰园池，每于晚凉翰墨余暇，与石谷子立池上商论绘事，极赏心之娱。时星汉晶然，清露未下，暗睹梧影，辄大叫曰好墨叶、好墨叶。因知北苑、巨然、房山、海岳点墨最淋漓处，必浓淡相兼，半明半暗。乃造化先有此境，古匠力为摹仿，至于得意忘言，始洒脱畦径，有自然之妙，此真我辈无言之师。王郎酒酣兴发，戏为造化留此景致，以示赏音，抽毫洒墨，若张颠濡发时也。"明清文人画家心迹复杂，常在他们绘画中表现出超离本世，寻求一个美丽安详、清淡飘逸的世界的意愿。

可见，明式家具、国色天香、才子逸民、园林佳景，正是天人合一的中国文人闲情逸致图：或稳坐明式椅，倾听苏昆剧；或弹琴鼓瑟，余音袅袅。然春梦不再，盛宴终散，夜雨蓬窗，人去楼空，仅剩断垣残墙，或一桌一椅一壶而已。为此笔者想起丰子恺先生的一幅漫画"人散后，一钩新月天如水"，使人怅然无语，浮想联翩。

或许，这种缅怀式的畅想未免有点脂粉气，或许会给人留下穷措大的香艳美梦的感觉。然而，在这样的考察中，我们未免又有着道学家的头巾气，更关心器具背后的

宋扬 《长物绘·孤云高》70cm×34cm 纸本 2018 年

人和人的心灵世界，也就是说，明式家具所处的那种文化生态。

生态其实是比器物本身更重要的信息。一张案几、一堂家具、一座园林、一方天地，由小而及大；而几番风雨、几度兴亡、几多荣辱、几许哀乐，由大而及小。郑板桥说："吾辈欲游名山大川，又一时不得即往，何如一室小景，有情有味，历久弥新乎！"（《题画》）这种景致，风中雨中有声，日中月中有影，诗中酒中有情，闲中闷中有伴，人景交融，这就是我们所说的中国人文精神中"天人合一"的问题。这种景由心造、心由景生的交互关系，是中国文化精神最核心的内容。一堂家具，正是这种精神的表现。

从先秦诸子到《春秋繁露》，关于天人合一的内容并不少见，老子的道生自然、庄子的逍遥游、《周易》的天行健、孔子的畏天命、《内经》的天人相应，都从各个方面阐述了天人合一的问题，形成了一个十分庞杂的理论体系。我们不妨先来读首程颢的诗《秋日偶成》。程颢的这首诗其实并没有十分复杂的描述，但作为儒学思想正统的代表，其对天人合一的解释自然更为权威。

"闲来无事不从容，睡觉东窗日已红。

万物静观皆自得，四时佳兴与人同。

道通天地有形外，思入风云变态中。

富贵不淫贫贱乐，男儿到此是豪雄。"

这算是写给当时精英阶层的励志小品，这首诗首先是一首言理诗，其次表达了他的理论观点，第三表现一种生命态度。

诗歌到了宋代，以理趣见长，往往富有哲思，令人有所启发。这首诗基本上就是这一种类型。

程颢最重要的理论，是提出了"天者理也"的命题。他把理作为宇宙的本原，人只不过是得天地中正之气，所以"人与天地一物也"。因此对于人来说，要学道，首先要认识天地万物本来就与我一体这一道理。人能明白这个道理，达到这种精神境界，即为"仁者"。故说"仁者浑然与万物同体"。他并不重视观察外物，认为人心自有"明觉"，具有良知良能，故自己可以凭直觉体会真理。在上面的这首诗中，静观是返回内心的体悟，天行有道，万物同理，在风云变幻中，体悟到天理的生动活泼。这种哲学思维，使人对自然的认识回到人的内心深处。他弟弟程颐提出"一物之理即万物之理"，把世界高度的抽象化。他在论述为学的方法时提出格物致知说，认为格物即是穷理，即穷究事物之理，最终达到所谓豁然贯通，就可以直接体悟天理。这"天人合一"的理论体系，对后世的哲学思想和中国人的思维模式都有很大影响，这就是极高度的抽象综合，以至于实现高纯度的单纯；与此同时，在格物致知方面，诉诸内心又极复杂细致，实现了富有感性体验色彩、诗意化特征的理性思辨，从而在"理"的体悟中，完成了抽象与还原的过程。

我始终认为，中国传统文化的精神，主要在于高度的抽象和体验式的还原，这在艺术精神中表现得更为充分。严格意义上讲，逻辑思维都是归纳总结推理，也就是抽象的过程，但天人合一的高度抽象，已经难以使人实现有效的推理，于是只能以还原的方式来实现，这样的还原，必然是带着感情色彩和感性特征的。这是天人合一给我们思维上带来的最深刻的影响。

明式家具为什么会成为中国工艺品中最具人文特质的经典代表，其深层的原因就在这里。明式家具所蕴含的艺术精神至今能唤起鉴赏者的诗性审美，高度抽象的线条，能实现现代人丰富而带着感情色彩的体验，也就是说它能让消费者实现情感还原，使消费者成为了审美者。

与此同时，天人合一直接影响着人的生命态度。

在程颢的诗中，提到了"闲"。这是一个最有意思的状态。这一"闲"字，在程颢的另一首诗中能得到印证："云淡风轻近午天，傍花随柳过前川。时人不识余心乐，将谓偷闲学少年。"(《春日偶成》)这种闲情是多么的快乐，充满了活泼泼的生机。尽管在《秋日偶成》那首诗中，没有《春日偶成》那样充满生活的气息，但同样把"闲"放在最重要的地位。这种闲，不单单是一种生活状态，更是一种生命态度。《退醒庐笔记》中记叙的轶事十分有趣：乾隆皇帝见江上船帆林立，不觉感慨，而金山寺某僧却只见两艘，一艘曰名，一艘曰利。生命的奔波，或许可以用这样高度的抽象来概括，尽管片言只语难以尽述其中的内涵，但文化的思维就是这样，某僧的概括，既贴切，又富于禅意，成为了极其经典的话头。与奔波相对的，是静观，这种静，表现在心静、身静和情静，所以，静成为中国最重要的美学范畴，即使是动，最后也是静。静便是静坐、静听、静观，而此时内心却是动，神驰千里，心游万仞，这就是"闲"的妙处。闲的同时，自己又是那样的愉快，享受一种快乐的人生状态。

愉快，是儒学的一个重要的概念。程颢青少年时代向周敦颐学习的时候，周敦颐让他学习"孔颜乐处"。孔子、颜回是否快乐？从外部的情形来讲，似乎一直不快乐。但他们内心是快乐的。孔子的"暮春三月，春服既成"，唱歌沐浴，是多么的快乐。颜回在陋巷枕肱瓢饮，普通人难以知道他的快乐。这种快乐是内心状态的，甚至说是一种近乎宗教情感的快乐，这就是我们常说的乐于道。这种快乐成为了中国知识分子一种近乎于空想、实际上能起到自我安慰作用的心理基础。"时人不识余心乐"中的乐，是多么实在，而又多么悠远，以至于大众难以体会。因此，天人合一的思想，很大程度上给了知识分子空想式的理想主义和激情，他们认为自己完全超越了时空，与天地合一，这样的优越感使得他们超拔出世，即使世俗生活中失意彷徨，也能十分自然地找到安慰人生、激励怀抱的使命感。这种快乐始终弥漫在中国知识分子的心灵最深处，在明清文人素描中，我们认为，那种失意、困顿、佯狂、怪诞、神秘、乖戾的背后，都有这样一种快乐。知之者不如好之者，好之者不如乐之者，乐山乐水，其实无论在哪种生活状态中，这份快乐都是存在的，而且这份快乐是他与世俗生活构建起的一堵高高的墙，他在自己的世界里歌唱。

这份快乐还体现于"游于艺"。

孔子所说的"志于道，据于德，依于仁，游于艺"，前三者在天人合一的体悟中，形成了具有空想色彩的理想主义。游于艺，是具体的表达。艺术的表达，在很大的程度上由于有外观的实在性，往往表现得十分充分，同时，士、宦身份合一，又与艺术家身份合一，使得游于艺的表现十分多彩。寄情诗书画，这无疑是一个主流。然而，在明中晚期开始，由于部分知识分子仕途蹭蹬，同时社会经济的发展又足以供养一个艺术家群体，传播渠道也较以往更为发达，艺术家身份开始独立，这就是我们认为的才子文化的肇始。才子文化具有高度的世俗色彩，但不能否认它的超拔特性，这种超拔是中国知识分子天生拥有的体悟天道的权利。于是，在艺术的发展中，这种艺术创造无不有着"道"的痕迹，出现了像明式家具这样的奇葩。在这些器物中，高度的抽象表现为线条，还原表现为在器物身上浓郁的人文精神气息。它成为中国艺术精神一个新的表现载体，同时也标志着天人合一的悟道，从原来家国情怀的"言志"转向了天真自然的"言趣"。"志"与"趣"，其实都是体悟"道"后的结果，也是当时艺术家身份自觉后的一种必然结果。后来，志趣成为一个单词，无非说明它们是有共同内容的。

对闲暇的、内心自由快乐的向往，使诗意地生活成为一种生命态度。这种生命态度几乎贯穿于明清文人的精神世界中。这种生命态度，决定了文人们生活的诗性特征，这种特征往往更注重心灵的体验，追求一种自由。天人合一所强调的人与天的合一，同时也暗示着某种放纵的色彩。人法自然，人的需求也有着某种天赋的合理性，明代中晚期的享乐主义思潮，其本身是明末之际文人思潮中的一个组成部分，带有末世狂欢的疯狂，但这也是合乎逻辑的一个自然发展。生活的诗意，让人更在意与自然的融合，更在意生活的诗性功能，于是私家园林普遍在生活中出现了。这既满足了人与自然的合一，又避免了采薇的凄恼。这种园林，并不一定是奢华的，哪怕一石一水，已经概邈天地。园林也成为知识分子一个重要的文化场所，在这里，姹紫嫣红开遍，赏心乐事家院。在这里，家具作为一个配角，也自然而然地粉墨登场。

在那风华绝代的场景里，明式家具不过是小小的一个物件，但那种独特的文化生态却让人回味。在这里，诗、书、画、石、树、花、月、茶、酒、曲并不是独立的，而是围绕人所展开的。其实艺术是一个完整的系统，生活的诗化，到头来使生活成为一件艺术品。在这其中，家具也须按照大系统的文化要求，实现诗化要求。从这一点来讲，明式家具的艺术根源不能不归结到天人合一这一总原则中来。

天人合一在高度抽象和情感还原的法则中，造就了文人士大夫具有空想色彩的理想主义，同时对生活诗意的追求成为一种生命态度，它突出了人志于道、游于艺的崇高感和自由度，使得明清时期人与生活的艺术化达到了一个高峰。

明式家具以其特有的魅力、精美的工艺和别样的风格展示在中国和世界的艺术舞台上。它所具有的地位和价值不是孤立存在的，它既是社会经济环境的产物，也是文化和生活环境的产物；它深刻地反映了中国明清两代社会经济的发展水平和市民阶层家居生活的变化，同时也折射了士大夫及文人墨客闲适写意生活及审美追求。在文化的背景中考察明式家具，最终我们还是要把它还原到文化生态中。我们说"君子不器"，形而上的"道"始终贯穿于形而下的"器"，附着于明式家具之上的人文精神才是灵魂和精髓。此时，回味"道通天地有形外，思入风云变态中"这联诗的兴味，往往更让人百感交集。历史长河大浪淘沙，人类文明的结晶硕果仅存，几百年来，明式家具的艺术价值和魅力仍然为人们所称道，真是难能可贵了。

质朴简素、空灵简约

明式家具的最大艺术魅力就是质朴无华、素雅简练、流畅空灵，删尽繁华，才能见其精神，达到艺术审美的最高境界，这与当时文人画的审美旨趣是一脉相通的。这一艺术理想又与中国人独特的世界观和人生观相伴相随，在审美活动中体现人生情怀和哲学思维。这种艺术化、人格化的审美风尚也规划了明式家具的美学走向，明式家具的最高审美指向就是质朴简素。

所谓质朴简素，它把明式家具的最高审美指向表达得淋漓尽致。体现简素空灵之美的家具被推为上乘之品，是有其艺术渊源和文化背景的，它直接受明清以来文人画的影响，两者在审美旨趣上一脉相通。

从魏晋玄学开始，一直有着一个哲学命题：有和无。王弼在他的《论语释疑》中提出："道者，无之称也，无不通也，无不由也，况之曰道。寂然无体，不可为象。"并认为"尽意莫若象，尽象莫若言"，这种意在言外、大象无形的哲学思维，对中国艺术精神影响至深。此后，南宋陆象山"心学"提出的外在世界"如镜中之花"的观点，直接影响了严羽的诗歌理论。严羽论述诗歌仿佛"空中之音，象中之色，水中之月，镜中之花"，突出了诗人主观世界的重要性，追求"羚羊挂角，无迹可求"的意趣。这种偏向于主观内心世界的艺术观，也为明代后期的艺术思潮乃至整个明清时代"性灵"派的出现埋下了伏笔。在明代晚期，从李卓吾的"童心"，到徐文长的"真我"、汤显祖的"气机"、袁宏道的"性灵"，无一不是讲究在人的内心发现人生与艺术的规律。对外在世界的描摹，即使是寥寥数笔，也要准确表现人生内心的情感和禅悟。所以，中国的艺术是心灵性的表现，而不单单是技术性的再现。追求内心感悟与外在表现的统一，成为艺术精神中的一个核心理念。

对于"空灵"的描述，其实出现得很早，王羲之就提到了在山阴道上如"镜中游"的感受，这种若虚若幻的美学境界，其实就是空灵概念的前身。关于空灵的美学概念，形成于起自《文心雕龙》、《二十四诗品》及至《沧浪诗话》的美学思想传承过程中，尽管他们都没有使用"空灵"这个词。空灵的美学思想，直接受到佛学中"空"的思想影响，最后，这种"空"成为最富中国艺术精神的美学思想，展现了极其丰富的意蕴和内容。

"欲令诗语妙，无厌空且静；静故了群动，空故纳万境。"这首苏轼的诗展现了空灵这个概念中的对立与统一。

空是什么，是外像什么也没有，一片空白；灵是什么，是内心的充满和流动。在苏东坡的诗中，他谈到了动与静的统一、无和有的统一。在空灵的概念中，有与无的对立统一是最根本的，物与情、境与意、简与繁、少与多都是在有与无的对立统一基础上衍生而来。以前学作小品文，老先生要求首先学空，把小品文写得越空朦也就越灵动，其原因就在这里。但这种空，不是空洞、空白、空疏，而是巨大的充实。宗白华先生有一篇著名的论文《论文艺的空灵与充实》，探讨的就是这个问题。尽管他最后没有把两者完全统一起来综述，但他的根本意思是，与空灵相伴生的，是巨大的充实，在"空"中表达了"满"。

这种艺术精神，又是和人生态度相伴生的。中国人缺少对宗教的向往，但外来宗教影响中国知识分子甚至普通民众时，往往发生一个十分奇特的现象：宗教的精神往往首先影响审美，然后通过审美影响人生态度。这种轨迹十分奇特，耐人寻味。我有一位同事的老母亲，年轻时接受的是教会教育，但她最后没有成为虔诚的基督教徒，真正影响她的，是她对西方古典音乐的兴趣与爱好，进而影响她与众不同的生活方式。在她整洁、体面又不失朴素的生活中，洋溢着那种宗教精神——富有原则，纯洁自尊、保持节制。佛教思想在中国的传播过程中，对中国艺术产生的深刻影响，怎么评价都不为过。佛家"五蕴皆空"的宗教思想，影响了中国文人的审美观，出现了空灵等一系列美学概念，同时，对文人生活态度的影响也十分有意思：

"道上红尘，江中白浪，饶他南面百城；花间明月，松下凉风，输我北窗一枕。（《小窗幽记》）

问近日讲章孰佳，坐一块蒲团自佳；问吾侪严师孰尊，对一枝红烛自尊。（《小窗幽记》）

无事时常照管此心，兢兢然若有事；有事时却放下此心，坦坦然若无事。（《鸡鸣偶记》）

多一繁华，即多一寂寞，所以冷淡中有无限风流。（《蜡谈》）"

这些是在明清文人笔记中随意摘取的清言。这些清言，有着极其浓郁的佛家思想和情怀，但我们也十分明晰地感觉到，这不是一种宗教情绪，而是一种人生情怀。这份情怀，很接近审美，是在诗意化的情调中体味一种带有玄思色彩但又那样平白、这般超然却又亲切的生命态度。这种情怀，是通过审美来完成的，是以内心充分的体验来实现的。我们可以想象，在明月朗照古松花间，独自一人无事闲坐，清风拂过，远处传来散落的笙歌，这样清空的意味并不是一种单调，而是巨大的饱满。生命经历过的时空都凝于这一瞬，各种人和事全汇于这一刻。这一瞬间，是那样的充实。然而，也可以轻轻叹一口气，把所有的一切，都付与风和月。内心是不沉重的，可以无所牵挂地沉吟，任那般心游太玄。

宋扬 《长物绘·开箱》97cm×35cm 2018 年

此时，澄怀是重要的，在内心世界营造一种安宁、静谧而又广大的空间，十分纯净，但于生命的体验，却是那样的深刻和幽渺，仿佛时空顿失，风云无碍。在这样的空间里，月、松、花、风都是象，是实象，但也都是心象，是物与心交融之后出现的独特气场。在这里，你与世俗生活是那样遥远，犹如一种宗教情感的指向；与世俗生活又是那样切近，是一种熨帖的温暖，一种生命的温度，也是对生活的一种礼赞；这样的意境，是那样的美，是近乎于审美的一种生活方式。因此，在中国艺术精神中，艺术是接近宗教的一种情感，同时也是一种生活情趣，是一种人生态度。或者换过来说，生活是一种艺术，人生态度也是一种艺术。这种圆融合一的精神状态，其实就是一种审美状态。这种艺术精神，最集中地体现在明清时期文人画上，并达到了历史的巅峰。它同样也体现在明式家具创造的艺术天地中。

在前文中，我们曾经说到中国艺术是线的艺术，这种线条，是简单的，但又如此富有意蕴；在这种澄怀味象的审美中，在如此简淡的心象中可体味丰富的意蕴。此时，生命的态度也是这样，万事万物皆是无可无不可的，面对自然、面对艺术，淡泊人生也是那样滋味绵长。这三者都是简与繁、少与多、瞬间与永恒的对立统一，这三层面完美地叠加在一起，构成了造型——审美——人生的奏鸣曲，这是明清文人留下的一个十分鲜明的文化景象。

我们首先从明清文人画谈起。

石涛在他的《石涛画语录》中开宗明义，第一要义便是"一画"：

"法于何立？立于一画。一画者，众有之本、万象之根，见用于神、藏用于人，而世人不知；……夫画者，从于心者也。山川人物之秀错、鸟兽草木之性情、池榭楼台之矩度，未能深入其理、曲尽其态，终未得一画之洪规也。行远登高，悉起肤寸。此一画收尽鸿濛之外，即亿万万笔墨，未有不始于此而终于此，惟听人之握取之耳。"

石涛为清代高僧，据现存历史资料记载，他师从临济高僧善果施庵本月禅师，一僧（玉林通秀）曾问本月："一字不加画，是什么字？"本月答曰："文彩已彰。"（《五灯全书》七三本目传）

石涛深受佛教的熏陶，以佛法指导绘画艺术当是很自然的事情，从《画语录》中充溢的大量佛学用语和参禅诗句以及石涛大量传世作品中，不难看出石涛积极入世的大乘精神。他把本心自性作为人生和艺术的出发点和精神归宿贯通始终。

这个"一画说"，历来各有理解。吴冠中认为在他晚年最具纪念性的工作就是读《画语录》，他认为：石涛所提出的"一画"，取自佛教的"佛性即一"、"不二之法"、"一真法界"，"佛性"即"本心自性"，"一画"即对其隐称，识自本心、见自本性即是觉悟，悟道，即洞明意识之根源。所谓一画说，"就是不择手段地创造能表达自己独特感受的画法，他的感受不同于前人笔底的图画，他的画法也就不同于前人的成法与程式"。（吴冠中《短笛无腔·石涛的谜底》）"一画之法"即以本心自性从事绘画艺术之法，（吴冠中《我读石涛画语录》）表达内心感受成为艺术创作最主要的任务。同时，也有学者从技术层面上认为，"一画"是指作画从一笔开始，最后以一笔结束，强调一条造型底线。我个人认为，"一画说"是突出意大于形的本体论论述，在外在表现上，强调线条的抒情性抽象，以简素空灵的表现方法概括大千世界，表达内在情感。

《石涛画语录》中体现出的美学思想，也是明清之交文艺界关于"繁与简"认识的一个体现。当时艺术界普遍认为简与繁是一个辩证的统一，并且以为以简见繁是一种高明的表现，这个观点即使是在当时底层知识分子中也得到认同。杭州人陆云龙是一位以刻书、评书为生的底层知识分子——他的身份很像我们提到的余象斗，但他所在的文人群体在文学史上有一定地位，他的弟弟陆人龙创作的

《型世言》颇有影响。在陆云龙的汇评中，他常将简约当作评价文章的标准，他在评价汤显祖的《明故朝列大夫国子监祭酒刘公墓表》时说"叙处简洁"，在评点《皇明十六名家小品》中虞淳熙的文章时认为"言简而菡"，在评《文韵》中江淹的文章时说"简傲中有致，只数语留人于不朽，何事累牍连篇"，同时认为"不留许文字，多少宛转，多少悲酸，正所云动人不许多也"。陆云龙的文学观点和石涛的画论是十分接近的。同样是明清高僧的八大山人，他在晚年的作品中无论书画，运笔沉稳静穆，明显章草笔意，高古简劲，浮华利落，尽显老到本色。其用墨、用线之单纯、凝练，清澄透明，一气呵成。八大山人鱼鸭图的表现手法，都是在一张白纸上寥寥几笔，除画上鱼鸭外，别无所有。然而在人们的视觉中满纸江湖，烟波浩淼、水天一色。何绍基题八大山人《双鸟图轴》曰"愈简愈远，愈淡愈真，天空壑古，雪个精神"，可谓知音。这种空灵、简约、以少胜多的意境，我们在观赏南宋画家马远《寒江独钓图》（绢本，小墨，26.8×50.3厘米，日本东京国立博物馆藏）时也能感受到同样的意境。渺漠寒江上，画中央一叶孤舟，渔翁俯身垂钓，除舷旁几笔表现微波的淡墨线条外，渔舟四周一片空白，水天相接，旷远空灵，涵泳深长。南宋时期大画家梁楷有幅名画《太白行吟图》，是减笔画的代表作。图中李白仰面苍天，缓步吟哦。寥寥数笔，就把一代诗人豪放不羁、傲岸不驯的飘逸神韵勾画得惟妙惟肖，用笔大胆劲健、淋漓酣畅、线条简练豪放、高古洒脱，神形俱备。这种以少胜多的减笔画效果在后人评点画梅时也有同样的体会。如李晴江题画梅诗所云："写梅未必合时宜，莫怪花前落墨迟。触目横斜千万朵，赏心只有两三枝。"这种不求多、不求全，求精、求意的美学旨趣，成为考量画是否成功的重要标准。笪重光也曾说过："位置相戾，有画处多属赘疣。虚实相生，无画处皆成妙境"；"人但知有画处是画，不知无画处皆画。画之空处，全局有关，即虚实相生法；人多不着眼空处，妙在通幅皆灵。"中国传统绘画的以少胜多、以虚待实、虚实相间，绘画上的无，虽不着点墨，但并非没有东西。有无、虚实互为因果、相映成画，奥妙无穷。近代大画家黄宾虹也曾说过："疏可走马，则疏处不是空虚，一无长物，还得有景。密不透风，还得有立锥之地，切不可使人感到窒息。"宗白华在谈到空间留白美时引用了明代一首小诗："一琴几上闲，数竹窗外碧。帘户寂无人，春风自吹入。"把房间的空间美表现得无比生动有趣。法国画家塞尚一张画了几个苹果的静物画，却让人们得到了一个空间的美的感受。我们在看京剧《三岔口》表演时，没有布景，完全靠动作暗示景界，同样也有此感觉。舞台上灯光透亮，但仍然让观众感到台上的演员身处沉沉黑夜里，演员虚拟化的表演在观众心中引起虚构的黑夜。中国书法表现的艺术美也在于线条舞动和空间的组合，是类似于音乐和舞蹈的节奏艺术，是"书法线条舞动节奏的空间创造"。可见简约虽然在中国书、画、戏的表现手法上有不同，但在线条和空间、有无、虚实的组合上，都是中国传统艺术哲学的再现。唐代张旭见公孙大娘舞剑，因悟狂草之道。吴道子观斐将军舞剑而画法益进。由此可见中国传统艺术相互融通意会的美学精神。明清文人士大夫在简约中追求丰盈的美学思潮，是中国传统美学范畴"有与无"、"一与多"的具体体现，这不仅影响了当时的美术、文学，同样也规划了明式家具的美学走向。

宋明以降无疑是文人画的巅峰时期。文人画风尚重视士气、重视学风修养、重视创作个性、重视灵感性情的发挥，追求天机溢发、笔致清秀、恬静疏旷，追求笔墨明洁隽朗、气韵深厚、设色古朴典雅。南北二宗虽有不同，但都一反"正派"、"院体"，力举"士气"，推崇"文人画"的审美意识。与之可相映的明清文人清言小品文字，寥寥数语，便道尽对人生的感悟、对意境的追求，所谓"峰峦窈窕，一拳便是名山；花竹扶疏，半亩何如金谷"（屠隆

《婆罗馆清言》），一片石即可包囊起伏峰峦，石崇的奢华花园"金谷"怎比得上半亩风光！这与文人画息息相通的意趣和艺术境界，正是明代文人思想最本质精髓的表达。这对明式家具文人化倾向的形成影响是很大的。一言以蔽之就是"简练"二字，这是明式家具的艺术"通感"。这种艺术通感来源于灵感深处的庄禅之道，来源于文人墨客艺术实践的大彻大悟，以"无"为"有"，以"少"胜"多"，以"简"删"繁"。庄禅之道常将世界万物归纳为"无"、"空"，其实这"无"、"空"并非指没有，恰恰相反，这"无"、"空"应理解为"一切"，它是以最少最本质的表现手段来反映大千世界。

同理，王世襄品评明式家具时，对其"品"与"病"作了最为权威的评点。他概括的"明式家具十六品"，把明式家具分为五组，列第一组第一品的就是"简练"，并指出"明式家具的主要神态是简练朴素，静雅大方，这是它的主流"（王世襄《锦灰堆》卷一）。他以紫檀独板围子罗汉床为例：床用三块光素的独板做围子，只后背一块拼了一窄条，床身无束腰、大边及抹头，线脚简单，用素冰盘沿，只压边线一道；腿子为四根粗大圆材，直落到地；四面施裹腿罗锅枨加矮老。此床从结构到装饰都采用了极为简练的造法。构件变化干净利落，功能明确，结构合理，造型优美。它给予我们视觉上的满足和享受，无单调之嫌，有隽永之趣。又如第十三品"空灵"是一具稍似灯笼椅，又接近"一统碑"式的靠背椅。后腿和靠背板之间空间较大，透光的锼挖，使后背更加疏朗。下部用牙角显得非常协调，轻重虚实，恰到好处。整把椅子显得格高神秀，超逸空灵。再如美国中华艺文基金会编的《明式家具萃珍》中收录的一把16世纪黄花梨禅椅，椅盘甚大，宽、深相差三厘米，成正方形，可容跏趺坐，椅盘下安罗锅枨加矮老，足底用步步高赶枨。这是典型的由宋椅演变而来，比玫瑰椅大，但用料单细，极为简洁、透空。1996年美国中国古典家具学会所著《中国古典家具博物馆图例录》对这把禅椅作出了高度评价："极简主义式的线条，透明无饰的造型，这张禅椅展现了中国自古以来所推崇的质地静谧、纯净及古典式的单纯。"在二十世纪初期，旅居中国的西方人士即为这些特质大为倾倒。嘉德推出的"锦灰堆——王世襄先生旧藏"专题中有一件王世襄一生中最后所用的"花梨木独板大画案"。这件大画案由王世襄先生设计，田家青制作，充分体现了王世襄先生阐发的明式家具素简空灵的审美理念。此画案为明式，但比一般明式家具更为简洁，且尺寸巨大，传世大画案中未见有如此巨大者。案面厚8公分，案腿粗壮，牙子用方材，两端不加堵头，空敞光素，实现了王世襄所说的"世好妍华，我耽拙朴"的审美观。上述四例充分说明明式家具素简空灵的艺术魅力，真正做到了简练而不简单，单纯而不纤细。古朴典雅、空灵超逸，便足称为上上品。

　　明代文人对这种素简空灵的审美价值的重视和欣赏，直接来自我国数千年美学思想的自然演进和发展，是历代经久不衰的以线造型传统，摆脱彩色的纷华灿烂，轻装简从，直接把握物的本质，具有相当的概括性、抽象性、主观性、精神性和虚拟性。正如宗白华《论素描》一文中指出的，"抽象线纹，不存于物、不存于心，却能以它的匀整、流动、回环、屈折，表达万物的体积、形态与生命；更能凭借它的节奏、速度、刚柔、明暗，有如弦上的音，舞中的态，写出心情的灵境而探入物体的诗魂"，又指出"素描的价值在直接取相，眼、手、心相应以与造物肉搏，而其精神则又在以富于暗示力的线纹或墨彩表出具体的形神。故一切造形艺术的复兴，当以素描为起点；素描是返于'自然'，返于'自心'，返于'直接'，返于'真'，更是返于纯净无欺"。明代文人画及其对线条和墨韵的追求，就是强调这种线所勾成的刚柔、焦湿、浓淡的对比，粗细、疏密、黑白、虚实的反差，运笔中急、徐、舒、缓的节奏处理，以净化的、单纯的笔墨给人的美感，表现文人

宋扬　《长物绘·莲华心地》93cm×42cm 纸本 2017 年

内心深沉的情感、精深的修养、艺术的趣味、独特的个性，展现其文人性情深处超逸脱俗的心态。而明代文人的这种审美心态又直接影响了明式家具制作的文人化及其艺术风格的形成。

　　明代文人对简素空灵的艺术表现形式的追求，作为千百年来我国美术思想精髓的自然演进，决不是一种形式主义的倒退，也不是对繁华世界的简单化，而是艺术的高度概括，是明代文人情感特质的突出反映。这一时期的审美倾向当然也集中反映在由文人直接参与设计制作的明式家具中，形成了明式家具上乘之作千古永恒的艺术美感：线条流畅、简素空灵，使之形成了足以跨越东西方时代和背景的东方神韵。时至今日，西方环境、装饰、家具、服饰所崇尚的极简主义不正好印证了明式家具"简素空灵"之旨的不朽艺术生命吗！我们深为有明一代文人和工匠大师为追求简素质朴所作出的巨大努力所折服。明清家具特有的质朴典雅、简素大方的气质，不失功能的适用、形式上的完整和技法的老到，将"用"和"意"浑然相通、融为一体的高超技艺以及把握美感、追求闲逸之趣的文人化倾向，都值得人们品赏回味。

　　明式家具中上乘之品所体现的简素质朴，所反映出来的美学思想，所表现出来的文人化倾向，完全是由那个时期文人的审美心态所决定的。当人们欣赏这些艺术神品、逸品时，呈现在眼前的不仅仅是几件家具，而是净化的、单纯的、趣味横生并给人以无限遐想的艺术世界；是蕴含于其中的制作者深沉的情感、精深的修养、艺术的魅力以及独特的个性、禀赋和气质。

前榉后朴，硬朗舒适

经典的明式家具不仅物尽其材，而且充分发挥线条艺术的特点，不论是器具整体，还是各部件的轮廓线型变化，充分考虑硬朗与舒适的关系，不因使用硬木制作降低人坐其上的舒适度。奥秘在于扶手椅、圈椅、桌、案、几等家具，其部件线型都非常简洁流畅。具体而言，比如椅子的靠背板，大都采用 S 形的曲线，贴合人体的自然曲线，符合人体工程学。而椅子搭脑的线型变化颇多，大多为几种曲线相结合而成，其基本形式有圆形、扁圆形、方形三种，在此基础上，又变化为直线、弓背形曲线、向上翘起的曲线，以及圈椅后背的椅圈顺势延至扶手前端的曲线等，其起伏变化丰富，或翘或垂、或抑或扬、或刚或柔，极具韵味。通过直曲线的不同组合，线与面的交接增加了家具器形空间的层次感，舒适感，使明式家具更加实用，更添魅力。

明式家具在追求材质硬朗与使用舒适的结合上，既因材而异，又各尽其能，无论是黄花梨还是其他硬木榉都以其特有的材质和品格受到追捧，其中，榉木家具在旧时民间更为普及，是江南地区风俗文化的代表之作，历史久远，工艺考究，尤其是其以人为本的设计制作，追求天人合一的人文精神，崇尚硬朗结实与闲适舒服的和谐共存，更是广受后世称道。

谈到硬木，人们大多会把关注的目光投向黄花梨，当下无论学术界还是收藏家莫不如是。对于明清黄花梨家具的价值应该说是无可争辩了，这里要讨论的是无论造型、做工，还是审美价值都不在黄花梨家具之下的明清榉木家具，与理论界、收藏界同好们共同雅赏、探究明式家具之美、之雅、之趣。

在我看来，近年来明式家具之所以受到藏家和文人追捧，其原因绝不仅限于材质，更多还在于其雅韵与品格。众所周知，明式家具表现形式上最重要的两种材质，一为黄花梨，一为榉木。前者那种天然硬木的材质、纹理及一定气候下散发出的幽香，令人趋之若鹜，可谓家具中的"官窑"，当然存世量较少，物以稀为贵，被人看重也在情理之中。而我重点想说的是后者，家具中的"民窑"，即以所谓"苏州东山工"为代表的明清榉木家具。在姑苏繁华地，旧时榉木家具所展现出的个性与风华，令其"好之者""追捧者"同样不在少数，这使榉木家具拥有相当的市场基础，而这个市场的存在决定了榉木家具未来仍具有较大的收藏潜力和升值空间。

榉木非硬木类，但是木质坚硬、纹理华丽，江浙沪一带普通百姓多用其打造家具，满足日常起居需求，并作为子女嫁娶的赠予之物，寓含"耕读传家久，诗书继世长"

的人生理想，而文人雅士的参与更为榉木家具注入了性灵，令其具备了不俗的审美情趣和传世价值。

细细做一番探究，榉木家具的审美和收藏价值其实有着深厚的历史积淀和文化根源。

一是历史跨度较长。在长江以南地区，榉木是民间家具最主要的用材，明清时期江南已有"无榉不成具"的说法。榉木材质坚致耐久，纹理美丽而有光泽。有一种带赤色的老龄榉木被称为"血榉"，很像花梨木，是榉木中的佳品。尤以木纹似山峦起伏的"宝塔纹"，因其文气和雅致，广为文人骚客所钟情。以苏州东山的家具制作为代表，在运用黄花梨等硬木制作明式家具的同时，榉木作为家具用材就已相当普遍。可以说江南人的居住生活、江南人的园林营构、江南人的市井文化、江南人的情思寄托都与榉木紧紧联系在一起。

传统概念中，榉木并不被认为是硬木，王世襄先生也认为榉木"比一般木材坚实但不能算是硬木"。但1996年出版的《中国红木家具》一书却认为，"在长江中下游的江南地区，民间选用当地盛产的榉树为家具的用材，大量制造供人们日常生活使用的榉木家具，给中国传统家具带来了一次开创性机遇"，还强调指出，"榉木在江南民间被视为'硬木'，所制的家具非常考究，它不仅是中国古代优质硬木家具之先导，而且一直连续不断地生产到 20 世纪的五六十年代，是生产时间最长久的民间实用硬木家具"。可见榉木并非因清初黄花梨告缺，进口木材跟不上而"退而求其次"的替代品。其实早于黄花梨前即有工匠以榉木大规模打制家具。据考证，至迟在宋元时期，榉木便用来制作家具。在黄花梨基本告罄后，榉木家具的制作仍延续了下来，存世者远较花梨为多，其中诸多品类艺术价值决不在黄花梨之下。有好事者在苏州东山、无锡荡口等地收集到的明式家具中，无论榉木还是黄花梨都不乏品相、做工极精的上品。

二是使用普遍宽泛。明清时期江南经济发达，尤其手工业发展相当成熟，商业繁荣，百姓生活富足。从园林设计构建，到百姓民居的环境营造，都极为讲究。随着海运的日益发达，产自海外的花梨等硬木流入，成为打造明清家具的最佳材质，但毕竟来源有限，以其为材质的家具存世也很少。而榉木家具却因交流的昌达，随着漕运流向大江南北。考究的硬木家具，有的供应苏州或江南其他大城市，有的出口外销，更多的则通过漕运，远销直隶、北京。

江南一带盛行"前榉后朴"，一般人家亦以此为植材旺家之训，意为家庭发达，有人中举。"榉"与"举"谐音，且榉树树质与北方的榆木相似，虽然不属硬木，但也是栋梁之材。在庭院前种榉树，就包含了期盼家中出栋梁之材之意。朴树材质较榉树为次，但生长力顽强，树姿婆娑，选朴树栽于庭院之后，寓意只要勤俭朴素，治家有方，也能过上安康生活。这两种树在榉木家具盛行的苏州地方成为当地风情之物。一般小康之家，每当分家立业之时，皆于庭院前后分别植下榉树和朴树，待儿女婚嫁时伐榉取木，打造家具。明崇祯年间《松江府志》记载了当年的婚嫁风俗，"婚前一日送奁于男家，今为迎妆，以奁饰帏帐、卧具、枕席，迎于通衢，鼓乐拥导，妇女乘舆杂遝，曰：'送嫁妆'。金珠璀璨，士大夫家亦然，以夸奁具之盛。"由此可见家具在当时女方的陪嫁中所占的位置。

明末清初思想家陈确在《丛桂堂家约》中开列了一份奁品清单："衣柜一口、衣箱两口、火箱一只、梳桌一张、琴凳二条、杌头二条、衣架一座、百架一座、梳匣一个、镜箱一只、铜镜二面、面盆一个、台灯一个、烛千一对、脚炉一个、布衣二袭、铺陈一副、床帐一条、床幔一条、门帘一条、面桶一只、脚桶一只。"在陈确看来，这还只是妆奁的基本配置，可以在最低限度上保持女方家庭的体面，减轻经济负担。周振鹤所撰《苏州风俗》一书，则将当地贫富不同的家庭的妆奁分为若干档次：清寒人家最简者曰"四只头"，仅有衣箱四口；稍好者，为"赤脚两裙箱"，是无榻床，无圆火炉，仅有裙箱两口而已；再宽裕者，"两裙箱"外，则有圆火炉，有榻床，有显被矣；再宽裕者，"裙箱"之外，更有玻璃衣橱（以上各档箱柜均为榉木材质）；再富裕者，则为"红木两裙箱"，则全用红木所制者矣。显被从八条至十六条不等，有银桌面等陪衬妆奁；再富贵者，则为"红木四裙箱"，显被多至二十条，银桌面增至二桌，衣橱亦随增之为四。由俭入奢，各得其所，据笔者考察，一般江南人家所用婚嫁家具一般都以榉木为主材。

三是制作工艺考究。榉木家具因其植根民间的特性，其工艺大多在民间工匠之间递相传授。榉木就地取材，价廉易得，设计、用料等皆不必畏首畏尾，无论名匠还是学徒都敢于下手，历练创制多，技艺自然精纯。公认明式家具发祥地的苏州，其苏制家具做工纯熟精细，有"苏作"之说。明张瀚《松窗梦语·百工记》有云："江南至侈，尤莫过于三吴。……吴制器而美，以为非美弗珍也。……四方贵吴而吴益工于器。"民间工匠对榉木的纹饰、材性的稔熟程度，当然在少见的黄花梨等硬木之上，所下的功夫，当然亦在"硬木"之上。榉木家具品式齐全，无论桌、案、几、凳，还是椅、柜、橱、床，无所不包。苏作榉木家具制式与黄花梨家具有诸多相似之处，有人说"远观这两种苏作家具，如同孪生，无可挑剔，一时难以辨清"。因此榉木家具虽由"民窑"所出，其中许多精器之美并不逊于出自"官窑"的黄花梨。

传世榉木家具数量颇多，如王世襄先生在北京原中央工艺美术学院就收藏了一把著名的榉木矮南官帽椅，无论它的质感、它的功效，还是它的做工，都不在黄花梨之下。从某种意义上讲，在黄花梨家具中能找到的款式精品，在榉木家具中同样能发现；反之，在榉木家具中发现的款式在黄花梨家具中未必能找到。

四是文人积极参与。明中叶后，中国的商品经济空前活跃，这在中国城镇发展中得到了充分体现。清代徐扬所作《姑苏繁华图》长十二米，尺寸超过《清明上河图》两倍有余。画中姑苏繁盛尽呈眼前。冯梦龙"三言二拍"中对江南市井生活的描述亦可见当时生活之富裕斑斓。物质生活的富足，令文人在物质追求之余更感精神生活的重要。明沈春泽在《长物志》序中说："夫标榜林壑，品题酒茗，收藏位置图史、杯铛之属，于世为闲事，于身为长物，而品人者，于此观韵焉，才与情焉……"具有一定经济基础的文人多以建园林寄托文心，陶冶才情，而园林建筑中不可或缺的家具恰好成为他们移情于物、明志寓理的投射对象之一。当时的文人几乎都直接参与了书房家具的设计，他们的设计更注重品味，更强调家具的艺术个性和文化特质。明唐寅在其临摹南唐顾闳中的新版《韩熙载夜宴图》图中，既讲求"忠于原作，不失神采笔踪"，又对画中元素做了适当改动。其中最夺人眼球的是对画中家具进行了重新布置，增绘了不少家具，充分展现了他在家具设计、创意方面不凡的才情，更折射出明代知识分子、士大夫阶层对明式苏作家具的推崇。"明四家"之一文徵明的弟子周公瑕，在其使用的一把紫檀木扶手椅靠背上，款刻了一首五言绝句："无事此静坐，一日如两日。若活七十年，便是百四十。"这种没有尖利棱角，造型温文尔雅的扶手椅，江南地区称之为"文椅"，是当时文人们喜爱的椅子样式之一。这些设计令人深刻地感受到吴地文人在日常实用家具中所倾注的精神期待。

五是体现文人情怀。明清两朝无论政治气候还是社会关系，均是历史上相当诡奇的时期。明代朝纲暴戾，"殿陛行杖"司空见惯，上下交争、党社之争，致朝野沸腾，纷攘不息。这种充满戾气的社会氛围，令当时知识分子在无奈之余只能以愤然逃禅、佯狂出世以作抗争。而清代愈加严苛的文字狱则令诸多文化精英更加无法展现政治抱负，他们纷纷避开仕途，以"草民布衣"融入更加宽广的社会，在市井或佛禅中寻求精神和理想的寄托。他们愤世嫉俗、孤高桀骜，将自己的才华与人文情趣寄托于家具、文人画、紫砂壶等诸多实体。明中期以降，王阳明"行知合一"的"心学"渐成显学，文人们在入世与出世之间追求一种简素空明、不事张扬的审美意趣和审美取向。在生活器物创制中，尊重功能，淡化形式，简约结构，省略装饰，形成尚简、尚清、尚淡、尚精的艺术风貌，与明代画风、书道一脉相承。而榉木取自江南本土，虽不似硬木名贵奢华，却材质坚致、色纹兼美，在世俗情态的表象下展现出与当时文人审美取向契合的简约空灵，文人寄情骋怀于其中，更能体味到内心的欢喜和愉悦。

六是崇尚天人合一。无论明式家具还是其他各种艺术形态，其艺术渊源均可从中国传统文化中找到端倪。强调人与自然的完美和谐，体现心境与万物的契合。无论手中把玩的茶壶、耳中聆听的音律、眼中所见的园林、家中所设的器物，还是笔下的山水花鸟，均承载了较实体形态更为重要也更为丰富的信息。境由心生、心由景生的交互关系，正是中国文化的核心内容。所谓儒释道，最终在明清文人对天地万物的认知中，对自身内心的观照中达到"天人合一"的境界。这种对生命的态度和对事物的认识，令当时的审美亦显现出更为鲜明的意向，简素空灵、天然去雕饰的艺术风格成为美的精髓，亦成为当时的潮流时尚。家具看似民生实用之器，但亦可承载一个国家民族的审美意识。榉木的纵剖面纹理大多为清晰山纹，优质榉木还可呈现出类似鸟羽的花纹，更是美色可嘉。利用榉木制作的家具在尽显木材最本质纹理的同时，更可承载文人的创意和意象，体现中国人对山水自然的情感寄托。这与北方家具和闽南家具不同，不是通过外在的髹漆来显示家具的华贵，而是通过榉木自身的材质和天然纹饰来显示其独特性。通过对家具情感的投入，与精巧的艺术构思、工匠的精致工艺完美契合，赋予以榉木为材质的明清家具独特的艺术魅力。

由是观之，我认为对明清榉木文人家具的认知，就是要寻找中国的审美思想、审美关联和审美态度，回归其真正的文化审美情趣，回归到中国传统对艺术简洁的哲学概括和深刻内涵。艺术有其本源，市场亦然，深入研究明清榉木文人家具，也许更能让我们回归艺术的本真，也寻找到市场的价值。艺术珍品是可以用市场价值来估量的，但不是所有的艺术珍品都可以用市场价值来估量的，明清榉木文人家具就是如此。

中国传统家具的制作特别注重材质的选择与使用功用的高度结合，这与中国的哲学观、文化观，乃至生态观密

宋扬 《长物绘·莲华心地》70cm×33cm 纸本 2017 年

切相关。古人认为：木养人。认为树木能够产生氧气，能够遮风避雨，能够绿化环境，甚至能改变风水。最重要的是在农耕社会中，五行之说早已渗入人心，木的功用已经深入到人们生活的各个方面。木主仁，有仁慈之德。"好仁者多梦松柏桃李，好义者多梦刀兵金铁，好礼者多梦簠簋笾豆，好智者多梦江湖川泽，好信者多梦山岳原野。"古人认为木主仁、仁者寿、木养人，这就形成了一个因果循环。所以明式家具在选材与制作的造型工艺上十分考究，无论是实用功能，还是情怀寄托，强调"天人合一"，强调舒适安宁，务求器具硬朗的材质与使用的舒适的高度统一，让明式家具成为硬朗与舒适结合的经典。

匠心藏拙，畅其神韵

明太祖曾曰："礼法，国之纪纲。礼法立，则人志定，上下安。"（《明太祖实录》卷一四，甲辰年正月戊戌）明王朝建立后，明太祖不仅致力于经济的恢复和发展，致力于社会秩序的稳定和维护。同时，也下大力气在国家机构与礼法纪纲上重典治乱。启用了大批儒士推行理学，注重教化，倡导务实，以达到理学一统天下的格局。明太祖先后颁布《洪武礼制》《皇朝礼制》《大明律》《御制大诰》等，在法律体系中贯穿了儒家思想。在教育、科举方面规定"非五经、孔孟之书不读，非濂、洛、关、闽之学不讲"（陈鼎《东林列传》卷二《高攀龙传》）"说经者以宋儒传注为宗，行文者以典实纯正为主"，"不遵者以违制论"（《松下杂抄》卷下）。明成祖大力兴教育、尊孔学、修经义、纂图籍，颁布《圣学心法》，撰修《五经大全》《四书大全》《性理大全》，以"使天下之人获睹经书之全"，"修之于身，行之于家，用之于国，而达至于天下，使家不异政，国不殊俗"（《明太宗实录》卷一六八，永乐十三年九月乙酉）。历时五年编制的《永乐大典》更是一部力推儒学，藉此统一全国上下文化思想意识的鸿篇巨献。明初所倡导的礼法，尊孔读经，"遵朱（熹）"、"述朱"，强调顺从与遵循，使明初文化及社会生活领域变得因循有余，创新乏陈，表现为极强的伦理性和等级性。

《大明集礼》的制定和传播，所谓儒家之礼便贯穿和渗透到社会生活的方方面面。最大限度地规范、整饬人们的生活，以至于达到"贵贱有别，望而知之"的程度。据《明史》卷六七《舆服志三》记载，明初官员、百姓器服均不得用黄色为饰，女性服饰中的面料、款式、色泽及饰品等也有严格限制，严禁用金绣，袍衫只能用紫、绿、桃红及浅绿色，不许用大红、鸦青、黄色，不许用浑金衣服、宝石首饰等。这种礼俗的严格规定必然导致人们追求"朴素浑坚"，而摒弃"靡丽好文"，在家具的制作和材质的选择上也呈现出明式家具的时代特色。

明中期特别是成弘以后，"人皆志于尊崇富侈，不复知有明禁，群相蹈之"（张瀚《松窗梦语》卷四《百工记》）。社会环境的急剧变化，使一些文人学者开始意识到程朱理学的局限，转而去寻找新的理论。王阳明的心学及其各种思潮的兴起，带动了知识界对现实的深刻反思。程朱理学一统天下的局面开始松动，阵地不断缩小。王守仁心学体系逐渐风靡天下，在思想文化界乃至现实生活中占据了主导地位。王阳明（守仁）所倡导的心学主要有三大精髓："心即理"、"致良知"和"知行合一"。明确指出人伦道德秩序是人人头脑中所固有的命题，不做违背伦理道德、大逆不道的事情是天经地义的。王守仁之后的心学分

宋扬　《长物绘·莲华心地》二 69cm×34cm 纸本 2017 年

途两端，一是强调对人的本性的所谓超现实探索，另外一路则走向经世务实之学。其实，中国传统儒学是讲究实学和务实的，儒家经典《中庸》所提倡的中庸之道是最好的阐述。朱熹在《中庸章句》中说道："其（指《中庸》）味无穷，皆实学也"。但理学却将重点放在个人修养完善上，而淡化对务实及国计民生的关心。《中庸》曰"君子之中庸，君子而适中"。宋代二程提出："不偏之谓中，不易之谓庸。中者天下之正道；庸者天下之定理""中庸，天下之正理，德合中庸，可谓至矣"。可见，中庸之道不仅是一种务实的方法论，也是一种维护道统、教化百姓的价值观。

《易经》云："日中则昃，月盈则食。天地盈虚，与时消息。"曾国藩说，"一损一益者，自然之理也。"可见，天尚有虚亏，地或有不满，此事古难全，又何况人呢？人生最佳的状态就是花未全开月未圆，凡事都留有余地。中庸的核心价值观始终是要提醒人们回避"过犹不及"，遵守"有所偏废者皆不是道"的处事原则。苏东坡云："月有阴晴圆缺，人有悲欢离合，此事古难全"，辛弃疾云："物无美恶，过则为灾"，都从不同的视角强调了"守中"的道理。

"喜怒哀乐之未发，谓之中；发而皆中节，谓之和。

中也者，天下之大本也；和也者，天下之达道也。致中和，天地位焉，万物育焉。"（《中庸》）这里说的"中"与"和"就是平衡、和谐的意思，也就是说，取之于"中"达到"和"的状态。中庸，反过来讲就是"用中"的意思，这是儒家身体力行的原则，中庸不是不讲原则的调和，而是有原则的，有标准的，既不能过度，也不能不及。司马迁说"中国言六艺者折中于夫子，可谓至圣矣！"（《史记·孔子世家》）就是讲的这个道理。

《管子·枢言》曰，"凡万物，阴阳两生而叁视"，也就是说：一个客体，从其属性上说它是两，而它表现出来的却是三。《逸周书·武顺》亦云："人有中曰叁，无中曰两"。在谈及人性时，也是一分为三。孔子认为是善，荀子认为是恶，告子认为是一张白纸，无善无恶。中国文化的"一分为三"的观念，是从仰观天，俯察地，中通人事而得出的自然规律的总结。如天有阴晴圆缺，也有不阴不阳之时。从天象视角看就有一分为三的存在，这是大自然的规律。也是古人最早奉献的大智慧，中国传统认识论是一分为三，即"执其两端，而用其中"，这个中是"时中"，是分分钟的权变。在古代，"知"与"智"是通假字，"知者"就是智者，即有智慧的人。《庄子》中"大知在所不虑"的"大知"，指的就是大智者，有大智慧的人。

传统的认识论在长期的历史发展过程中，形成了具有稳定形态的中国文化。其中包括：思想观念、思维方式、价值取向、道德情操、生活方式、风俗礼仪、宗教艺术、文教科技等诸多层面的丰富内容。这是先贤留给我们的精神财富和文化宝藏，更是中国人生生不息、绵延发展的源泉动力。

儒学强调适度克制的中庸情感。中庸是一种认识论中的技巧，不偏谓之中，不倚谓之庸，但它更是一种人生观。更进一步，它更是一种情感方式问题。缺乏剧烈的情感方式，往往使得生命缺少一种破坏力，因而，儒学所具有的超越的特点，往往就消融在对生活的关切和对人生的亲近中。儒学是不是宗教？这并不是一个新鲜的话题。中国知识分子不能说没有宗教情怀，但在他们的世界观中，缺少宗教需要的那份强烈的情感和严密的逻辑体系。作为儒学的鼻祖，孔子也"畏天命"，对宇宙的不可知产生敬畏，但他也"畏大人"，严格谨守礼仪建构起的社会秩序。中国传统知识分子对生活当下的感知十分强烈，为什么"禅宗"中的"当下"会成为一个十分重要的概念，其原因就是中国传统知识分子时刻生活在当下，那就是坚守其不温不火，不偏不倚的中庸。

在古人看来，这种中庸的思想，不仅反映在人们的世界观上，体现在处世之道上，即便在人们日常使用的器物中也必须遵循这一原则。让我们以传统儒学的中庸之道作为思想法度来考量，不难发现明式家具之所以成为中国传统文化的经典之作，就是在其制作过程中，始终体现了天地方圆、上下观照、左右协调、和谐适度的准绳，匠心藏拙，畅其神韵。主要表现在以下几个方面：

一是，天地方圆，上下观照，左右协调。

中国古人对天地方圆的解读，是用乾坤来做津梁。乾为天，代表圆融无碍的智慧，代表生生不息。坤为地，代表包容和规范，代表和谐美满。《考工记》记载："辀人为辀……轸之方也，以象地也，盖之圜也，以象天也。轮辐三十，以象日月也……"天圆地方，就是提醒人们做事，既要具有圆融无碍的智慧，又必须脚踏实地，遵守规则行事。器物制作也是如此，必须顺天应人，合乎规律，以对应天地方圆、日月星辰，从而达到"从心所欲而不逾矩"的境界。

如：北京故宫四面各有一门，其门皆为圆拱形，象征"天圆"，而建筑造型，又都是方形，象征"地方"。故宫内的乾清宫和坤宁宫，乾清宫属阳，为皇帝所居，坤宁宫属阴，为皇后所住。又如：明式家具中的圈椅，它就是方圆结合，上圆下方，承天象地的造型，圆，是圆满、和谐，方是稳健、规矩。可见，圈椅作为明式家具中最为经典的样式，将"道器相依"和"道在器中"的理念体现得淋漓尽致。

二是，虚实相间，阴阳互补，中正和谐。

中国传统文化讲究"虚实相间"。道家认为：惟道集虚，无中生有，有无相生；儒家认为：以虚致实；佛教认为：心动法生。儒释道三教对于这世界的解释虽不完全相同，但对这个世界有其象，即有其理，有其理，即有其应，即所谓"悬象示义"的文化特质的表述基本一致。《易经》认为"形而上者谓之道，形而下者谓之器"。"形而上"是道、是虚，"形而下"是器、是实。道器合一，虚实相间是也。

如：一幢房子有实墙、有门窗，四壁之间的空间为无，但这个空间是最大的存在物空间，也是光明之所向，神韵之所在。犹如中国画中的留白，音乐作品中有无标题音乐，留给你巨大的想象空间。人类的艺术创造，无一不是天地人的精神与物质相互作用，有与无相生相伴的产物。又如：一把禅椅，仅是由有限的几根木条组成，空灵、简约，但它承载着无尽的禅意，引发了你无限的艺术想象力，虽空空如也，却又满满当当。这种"以虚致实，委婉尽意"的"悬象示义"的理念，根植于人的心灵深处，激发了明式家具制作者对意象的极度重视和无限追求。

三是，包容大气，匠心藏拙，畅其神韵。

匠心独运，畅其神韵，这种对器物本身材质纹理和各种工艺创造中的"意象"的追求，成就了明式家具设计和制作的基本审美价值。众所周知，明式家具的美主要来自于天然材质、制作工艺和人文精神的高度融合。从家具的整体形制到每个部件的精心打磨，都充分体现了物质与精神的相互作用，和谐统一。明式家具采用上乘的天然材质，或凭借石材所形成的自然图案，或顺应各种木材的自然纹理，采天地之精华，尽人力之精妙，尽显自然与人之间的关系，恪守"天人合一"的理念，给器物以生命与生机。明式家具的美还体现于家具上的雕刻、镶嵌与各式花纹。它们通常是根据中国传统文化和民间习俗进行选题。一般来说都以吉祥雅物、瑞兽，以及历代文人墨客的诗、书文字为主，用独特的文化元素寄寓美好的人生愿望，如诗情画意、禅思道心、富贵吉祥、圆满如意等。由于有良好自然纹理的木石材相对有限，可遇不可求，因此，明式家具多采用人工雕刻纹饰，常常为寓意典雅、高洁的博古纹，俗称"回回锦"的回纹，寓意"吉祥之所集"的万字纹，代表高升、如意、祥瑞之气的云纹，代表帝后之尊的龙凤呈祥图案，等等。所有这一切都是工匠与文人合力创造的成果，体现出文化与工艺上的高水准，经过岁月的汰洗依然风华不减，美轮美奂。

综上所述，中庸思想在明式家具的制作中得到了充分的融合与呈现。天地方圆、上下观照、左右协调、虚实相间，和谐适度这些基本准绳，为明式家具永恒留溢的艺术神韵在认识论、方法论上找到了精神源头。包容大度、"允执其中"的理念为达到器物打造上的平衡与协调提供了基本依据。不管是传统儒学也好，还是王明阳的"心学"也罢，这些思想多多少少都反映在明式家具的制作过程中，工匠如何使用好一把"心尺"，成为做好家具的文化心理准备。

明式家具的魅力不仅仅是其用材的考究，用工的精湛，更在于用材用工之外的"匠心独运"。所谓"匠心独运"即是"匠"与"心"的对话，贵在"独运"。将"匠"与"心"高度融合，创造出独此一家的家具神品。制作家具，最重要的是要有一把"心尺"，将"心巧"、"手巧"、"眼巧"完美地结合在一起，手眼合于心，在用材、用工以及形制设计的基础上，将人与器、气与型、虚与实、形制与材质，相互关联，巧妙结合，达到物我相融的境界，实现"多一分有余，少一分不足"的微妙平衡。

宋扬 《长物绘·莲华心地》二 94cm×69cm 2017 年

明式家具的魅力就在于有别于其他家具的那份神韵，这来自于历代能工巧匠心中那把"心尺"，即凭借着丰厚的历史传承、人文积淀、思想根基，以及顺应流风时尚的感悟，形成的衡量审美意趣及价值的那个尺度。在材料选择、制作工艺等的把握上做到"心里有数脉"。将"心""手""物"三者高度融合，臻于和谐。一言以蔽之，从明式家具形成发展的过程中可以真真切切体会到传统儒释道思想的浸润与渗透，看到传统的"权变"、"中庸"等充满"中国智慧"的"心尺"在明式家具上的体现，从而感受到明式家具所具有的八大审美情趣。

其一君子不器

明初，随着商品经济生产的发展和市民阶层生活方式的嬗变，民间工艺美术也有了新的发展。吉祥如意图案在民间普遍流行，上层达官贵人推波助澜，特别是"缠枝花纹"和"夔龙图案"，严谨工整，华丽优美。在工艺装饰上，也形成了一定的规格，所有这些都在明代家具的装饰风格、造型艺术、工艺构造上得到充分的体现。

明代家具制作的重镇苏州，是当时全国手工业最密集的地区。至明后期，苏州等地出现"富贵争盛、贫民尤效"的风气。这不仅仅体现在服饰上，当时的婚嫁习俗、家庭摆设对家具提出了新的要求，到了"既期贵重，又求精工"的地步。除以当地榉木制作之外，纷纷启用花梨、紫檀、乌木等优质硬木加以精工细作。

这一时期唐寅、李渔等文人骚客纷纷加入家具的设计、风格的研讨、时式的推广，特别将个性化的艺术思想融化到具体的器具之中，使得那时文人的思想、艺术和独特的审美观借助家具得到充分的体现，同时，也使明式家具制作达到了出神入化的境界。

形而上者谓之道，形而下者谓之器，明式家具是器，但已进乎道，这核心是人，是物与人共鸣的人。明式家具之所以能登上大雅殿堂，能成为大家共认的古典家具的审美典范，这里就必须谈到明清两代的文人，即中国古典文人审美情趣。子曰："君子不器。"正是超乎物质形态之上的精神气脉才成就了明式家具的神韵与风采。

其二精神素描

晚明时期，中国文人良好的儒学修养使他们始终抱着积极入世的姿态。他们既不能忘情于魏阙，但又悠游于山林，这种矛盾但又统一的人格特征，成为中国文人的一种基本特点。

这种境界构成了"天人合一"的审美态度，也使明清文人的清高品格得到升华，使明清文人在明式家具的创意设计、创作的实践中充分展现出空灵简素的审美境界，从而使明式家具的艺术成就达到了前所未有的艺术高度，成为世人仰慕的"妙品"、"神品"。

明清之际，文人平民化世俗化的倾向更为突出，与世俗生活的相融趋向也更加明显。这时，文人的气质、学养、审美理想加大了影响和塑造了世俗生活，更重要的是文人的介入提升了世俗生活，精神世界的物化现象就极为鲜明，明式家具就是典型的代表。

今天的人们通过观赏明式家具超时空、超民族、超国界的永恒艺术之美，可以去体会明清文人参与明式家具设计和创作的艺术情趣，去体会明清文人在明式家具中所寄托的审美心态，去体会明式家具所展示的明清文人"自心是佛"，安静闲恬"清净心"的遗韵。

其三简约空灵

明式家具的最大艺术魅力就是素雅简练、流畅空灵，但简练是第一位的，删尽繁华，才能见其精神，达到艺术审美的最高境界。

一句简素空灵，把明式家具的最高审美指向表达得淋漓尽致。体现简素空灵之美的家具被推为上乘之品，是有其艺术渊源和文化背景的，它直接受明清以来文人画的影响，两者在审美旨趣上一脉相通。

明代文人画对线条和墨韵的追求，就是强调线条所勾成的刚柔、焦湿、浓淡的对比，粗细、疏密、黑白、虚实的反差，运笔中急、徐、舒、缓节奏的处理，以净化的、单纯的笔墨给人的美感，表现文人内心深沉的情感、精深的修养、艺术的趣味、独特的个性，展现其文人性情深处超逸脱俗的心态。

明代文人对简素空灵的艺术表现形式的追求，反映在由文人直接参与设计制作的明式家具中，造就了明式家具的质朴典雅、简素大方的气质，又不失功能的适用，形式上的完整和技法的老到，将"用"和"意"浑然相通、融为一体的高超技艺以及把握美感、追求闲逸之趣的文人化倾向，都值得人们品赏回味。

其四 文质相协

明式家具以其独特的材质而为世人称誉，正因为它们特殊的材质，与文人审美中"文质合一"的理想十分契合，达到了璞玉浑金的艺术境界。

璞玉浑金是中国文人传统的一种审美理想，意思是天然美质，未加修饰。而这种推崇质朴其外而美蕴于内的审美理想，与中国传统讲求的"文与质"之美有异曲同工之妙处。在明式家具、紫砂茶壶中，文与质达到了高度的统一，它们的材质之美，既是内在的质之美，也是外在的文之美。

不管是紫檀、黄花梨、铁力木还是榉木，其木材质地之静穆、坚硬、古朴，其花纹之多姿、流畅、华丽，其色泽如阗玉般温润典雅。充分说明明式家具用材质地的讲究，是讲求自然去雕琢的杰作。

除了材质之美以外，就是明式家具的"包浆"之美了。对于明式家具皮壳所呈现的"包浆"，其成因还没有哪一本专著作专门的论述。"包浆"，其实就是光泽，但不是普通的光泽，而是器物表面一层特殊的光泽。包浆含蓄温润，毫不张扬，从美学的角度来仔细分析，它是明与昧、苍与媚的完整统一。

其五景隐诗意

明式家具创作是文人"市隐"的乐趣所在。"市隐"与旧时文人笑傲江湖的"狂隐"不同，是中国知识分子从"言志"时代开始转向"言趣"时代的一大标志。生活中的任何细节，都可以成为审美对象，都可以进行审美的加工。情有情趣，理有机趣，庄有理趣，谐有谐趣，对生活的诗化，是"市隐"的真正内涵，成为隐逸文化中十分旖旎的一章。

李渔在《闲情偶寄》中谈到桌椅的桌撒这样的小物件，强调："宜简不宜繁，宜自然不宜雕斫。凡事物之理，简斯可继，繁则难久，顺其性者必坚……"可见当时文人

宋扬 《长物绘·莲华心地》— 69cm×34cm 纸本 2017 年

对家具的要求，完全为其生活习性和审美心态所决定。他们对于家具风格形制追求主要体现在"素简"、"古朴"和"精致"上。

明代戏曲家高濂《遵生八笺》中提及倚床，"上置倚圈靠背如镜架，后有撑放活动，以适高低。如醉卧、偃仰观书并花下卧赏俱妙"，既能读书休息又能品赏鲜花，意趣无穷。将文人悠然自得、神爽意快之神态反映得如此生动。我们不得不承认，明清两代的一些文人，在器具的实用功能和审美标准方面，从豁达的人生态度出发，达到了与自然和谐融合的高度统一。

其六才情别院

明式家具所体现的雅俗同流，在明代晚期并不是孤立的文化现象，而是整个文化生态的具体反映。文人才子们寄情艺术，把人生艺术化，以"适情"出入于雅俗，创造出了才子式的典雅。他们既能以诗书立世，又能游戏人生，从而在艺术化的生命里找到了出世与入世之间的绝佳平衡点。

在这种才子文化的背景下，明式家具作为一种载体，进入了文人的世界，他们借此描绘内心所思与人生情怀。文人参与明式家具的设计制作，不仅有其审美方面的独特理念，而且就用材、尺寸、形制等方面也提出了不少独到的见解，满足其茶余饭后的消遣及诗、书、琴、画等雅事的实际需要。同时，在设计制作中，文人又将自己诗、书、画特长，运用到家具上，在家具上题诗、作画、钤印，使之更具艺术气息与文化内涵。

文人寓书画于明式家具之中，同时也在书画创作中展示其对家具形制的精通，有的甚至还在画作中对家具进行再创造。我们从明式家具的纹饰、雕刻图案中可以看到传统文化和艺术对家具的深刻影响，也可以看到纹饰、雕刻直接决定了家具的艺术价值。

明式家具上的纹饰雕刻之所以如此精彩，除了有其深厚的传统文化渊源外，离不开当时众多能工巧匠以及文人的积极参与，与工匠艺人和文人之间的互相探讨和交流是分不开的，有时甚至可以说，在创作中分不出谁是匠人，谁是文人。

其七万物静观

在文化背景中考察明式家具，最终目标还是要把它还原到文化生态中。形而上的"道"始终贯穿于形而下的"器"，明式家具以其特有的魅力、精美的工艺和别样的风格展示在中国和世界的艺术舞台上。它深刻地反映了中国明清两代社会经济的发展水平和市民阶层家居生活的一面，同时也反映了士大夫及文人墨客闲适写意生活的另一面。

在中国南方，在明式家具主要产地的苏州地区，士大夫及文人阶层家居环境更加简洁雅致，与江南园林相得益彰，更体现文人雅士的生活情趣。文人们将其生活趣味、人文倾向、文化品味和地方民俗、传统习惯全都融合在一起，将饱含气韵心神的用具恰到好处地融入到居家场所和日常生活之中。

建筑与家具、环境的协调历来为中国古代文人雅士所重视，它不强调流光溢彩，即使有着丰裕的条件，亦不尚奢华，而以朴实高雅为首选，深信"景隐则境界大"。那时的文人们之所以青睐于明式家具，并无止境地去再创造，原因正在于他们要通过家具来寄寓自己的心绪，展露灵性。

其八雅舍怡情

明清两代江南文人的闲情逸致对明清家具高度审美化起到了关键的作用。一套书房家具，几件古玩字画，案头笔墨纸砚，闲来兴起，随性涂写赏玩。达则兼济天下，穷则独善其身，文人骚客的理想在这有限的空间里伸缩自如。"莫恋浮名，梦幻泡影有限；且寻乐事，风花雪月无穷"，这是一个文人梦想中的别有洞天。

对于雅舍的格局、陈设甚至细节，古代文人可谓竭尽铺陈之能事。除了古人的文字与画作，从苏州园林中也能看到不少雅舍经典之作。如留园轩外石林小院内，幽径缭曲，几拳石，几丛花，清幽宁静。室内西窗外，峰石峋奇，微俯窥窗而近人。西窗下，琴砖上有瑶琴一囊。北墙上，花卉画屏与尺幅华窗，两相对映成趣。

所谓雅舍，是旧时读书人"夜眠人静后，早起鸟啼先"的圣地，在那里能临轩倚窗仰望星空，能穿透物欲横流的阴霾，远离尘世的狂躁，让思想与心灵超越粗糙与荒凉，享受"寂寞的欢愉"。他们在这安静美妙的空间里，找到了自信自尊和自我的人格归宿。

明式家具，是那个特定的时代家具制作的最高成就，其匠心藏拙，畅其神韵，即物质与精神、思想与文化、人与自然和谐共处所建立起来的那种气韵和魅力，在人类文明史上是独一无二的。

色泽多姿，纹理静穆

明隆庆年间开放海禁，沿海几条航线与海外市场连接起来。中国商人的足迹遍及东南亚各国，继而，以闽、粤商人为主的商人集团开始远航美州，从事贸易活动。当时，除葡萄牙商人来华进行贸易外，西班牙、荷兰和英国等一些未能与中国直接通商国家的商人，则通过东南亚的商人或来往、移居当地的中国商人转贩中国商品，并进口海外贸易国的物品和原材料。明清时期国内漕船许可定额也逐渐放宽，军夫可以随船携带货物，在沿途自由贩卖，且准许携带的数量，越来越多，日益兴盛的漕运促进了南北物产的交流。维扬地区和苏松地区利用海外贸易进口的黄花梨、紫檀等硬木制作家具，颇受富商和达官贵族的喜爱。京城鲁班馆、南晓市的家具店、旧木商等都四出搜罗木纹美丽的硬木制家具。明代王士性在《广志绎》卷二《两都》中记载："姑苏人聪慧好古，亦善仿古法为之。……苏人以为雅者，则四方随而雅之；俗者，则随而俗之，其赏识品第本精，故物莫能违。又如斋头清玩、几案、床榻，近皆以紫檀、花梨为尚。尚古朴不尚雕镂，即物有雕镂，亦皆商、周、秦、汉之式，海内僻远皆效尤之，此亦嘉、隆、万三朝为盛。"当时对明式苏作家具的追捧，由此可见一斑。

明式家具制作以硬木为主，呈现其特殊的材质之美，并在制作中尽可能凸显其材质的原始风貌，以体现文人"文质合一"的审美理想。明式家具璞玉浑金的本真特点，与当时文人追求内心本真的理念完全契合。同时，天然的材质与"人气"相接，呈现出独特的"包浆"之美。

璞玉浑金一词来源于《世说新语·赏誉》："王戎目山巨源如璞玉浑金，人皆钦其宝，莫知名其器。"璞玉浑金是中国文人传统的一种审美理想，意思是天然美质，未加修饰。这种推崇质朴其外而美蕴于内的审美理想，又与中国传统讲求"文与质"的辩证关系有着重大的关联。

文与质的关系，孔子在《论语·雍也》中就提出了"质胜文则野，文胜质则史，文质彬彬，然后君子"的著名论断，强调文质彬彬的和谐境界。这个观点一直为后来学者奉为圭臬。关于文与质的关系，其实一直以来各有各的观点，《说苑》还记述了这样一个故事：

"孔子见子桑伯子，子桑伯子不衣冠而处。弟子曰：'夫子何为见此人乎？'曰：'其质美而无文，吾欲说而文之。'孔子去，子桑伯子门人不说，曰：'何为见孔子乎？'曰：'其质美而文繁，吾欲说而去其文。'"

上面这个故事，或许并不是历史事实，来源于后人的杜撰。但从美学的角度来看，就特别有意思。两人各执一端，一个质美而无文，一个质美而文繁。关于质与文的争

宋扬 《长物绘·莲华心地》— 94cm×69cm 纸本 2017 年

论，始终绵延不息，直到明末清初，这个问题还是许多文论中的一个核心问题。其实，文与质的关系，孔子有过更深入的论述。《论语·颜渊》中记录了一段子贡与棘子成关于外在形态之美的争论：

"棘子成曰：'君子质而已矣，何以文为？'子贡曰：'惜乎！夫子之说君子也，驷不及舌。文犹质也，质犹文也；虎豹之鞟犹犬羊之鞟。'"

文犹质也，质犹文也，这种文质统一的观点，充满了辩证法精神。在明式家具中，文与质达到了高度的统一，它们的材质之美，既是内在的质之美，也是外在的文之美。

王世襄谈论明式家具之美，把明式家具的美学特征概括为"五美"，即木材美、造型美、结构美、雕刻美、装饰美，但五美之首是木材美。"珍贵的硬木或以纹理胜，如黄花梨及鸂鶒木。花纹有的委婉迂回，如行云流水，变幻莫测；有的环围点簇，绚丽斑斓，被喻为狸首、鬼面。或以质色胜，如乌木紫檀。乌木黝如纯漆，浑然一色；紫檀则从褐紫到浓黑，花纹虽不明显，色泽无不古雅静穆，肌理尤为致密凝重，予人美玉琼瑶之感。难怪自古以来，又都位居众木之首。外国家具则极少采用珍贵的硬木材料。"（《锦灰二堆·明式家具五美》）王世襄先生认为这是明式家具的首美。

在硬木树种中，铁梨木是最高大的一种。因其料大，多用其制作大件器物。常见的明代铁梨木翘头案，往往长达三四米，宽约六十至七十厘米，厚约十四至十五厘米，竟用一块整木制成。为减轻器身重量，在案面里侧挖出四至五厘米深的凹槽。铁梨木材质坚重，色彩纹理与鸂鶒木相差无几，不仔细看很难分辨。有些鸂鶒木家具的个别部件损坏，常用铁梨木修理补充。乾隆年间的文人李调元曾任广东学政，在他的《南越笔记》中曾记载铁梨木，这是古代文人记录木材不多的文字之一：

"铁梨木理甚坚致，质初黄，用之则黑。黎山中人以为薪，至吴楚间则重价购之。"

这段记录中最要紧的是吴楚重之，吴楚地区经济发达，文人汇聚，铁梨木宽厚硕大的特征满足了文人对家具材质的要求，所以出现了重价购之的局面。

在明代家具的用材中，除黄花梨、铁梨木外，笔者要特别指出有两种材质最能反映文人士大夫的美学追求。

其一是紫檀，又名紫榆，主要产地为东南亚群岛。明代皇室常派员下南洋诸群岛采办。关于"檀"始见于《诗经·伐檀》"坎坎伐檀兮，置之河之干兮"。可见，这一树种在我国古代也有并被大量使用。当然，诗经中的"檀"

的含义可能更为广泛。紫檀木生长慢，百年才能成材。明之前，大体已采伐殆尽，材源枯竭。物以稀为贵，明清两代用紫檀木制作家具已是难能可贵了。按"鲁班馆"的传统说法，紫檀分为金星紫檀、鸡血紫檀和花梨纹紫檀。但不管是哪一类紫檀，其每一块材料所产生的纹理、色泽都不尽相同。再加上割锯、精磨、浸泡，其木质从边材到心材呈现不同色泽，由边材的黄褐红色渐变到心材的紫红色。其间黑色花纹极为细腻，木质里所含有的紫檀素及油胶物质加上管孔中充满晶亮的硅化物，油润坚重。其花纹似名山大川，如行云流水，远在碧玉琼瑶之上，黑色花纹扭曲飞动，犹如铸进去一般，极为静穆华丽，可谓鬼斧神工，精美绝伦。而由紫檀制成的家具日久后或呈深琥珀色，或成灰褐色，加上紫檀材质中所含有的蔷薇花香遇到湿润的空气慢慢地释放出来，显得犹为高贵。紫檀木沉重坚硬，纹理致密，色调沉稳，古雅静穆。经过打蜡、磨光和空气氧化，经人体皮肤的接触，久而久之便温润如玉，其材质表面发出缎子般的光泽。紫檀的魅力，还在于其材质纹理极耐看可把玩。一件精美的紫檀家具，在你的手抚和触摸下，更显风华，真是温软赛玉，润泽心田。一位玩明式家具的长者不由发出醉心的感慨："一触摸感到光滑无比，其润逾玉，逾凝脂，逾少女肌肤，逾所感到的一切。

宋扬 《长物绘·莲箱》69cm×34cm 纸本 2016 年

一抚摸，增文思，添诗情。真是妙极了。"是啊，紫檀木犹如和田脂玉，冬日触摸，温暖可亲，夏日抚之，凉意沁人，显示出内坚外润的质地和无限的灵性。

其二是榉木，也称椐木。如果说紫檀木是贵族，那榉木就是布衣草民了，但正如青花瓷器分为"官窑"和"民窑"一样，其艺术水准不因材质贵贱而见高下。榉木家具虽不及黄花梨家具美艳，也不及紫檀家具珍贵，但它在明式家具中数量浩繁，蔚为大观，在中国家具制作的历史上呈现出博大而多姿的风采。

榉木，属榆科，为落叶乔木，产于长江以南地区，树高数丈，树皮灰厚坚硬，材质密实，纹理端直。木材边材为黄褐色，心材暗褐呈栗褐色，纹理细润，富于变化。材面光滑，色纹并茂，其花纹如山峦重叠，又似多层宝塔，流畅灵动；其色泽如琥珀温润，又似黄花梨，华丽而不张扬。榉木利用的历史甚为悠久，用于制作家具早于黄花梨，明万历年间松江人范濂在《云间据目抄》中记载："细木家伙，如书桌禅椅之类，余少年曾不一见，民间止用银杏金漆方桌……。隆、万以来，虽奴隶快甲之家，皆用细器……，纨绔豪奢，又以椐木不足贵，凡床、橱、几、桌，皆用花梨……。"榉木虽不属硬木类，但在江南几乎被视为硬木，所制家具极为坚固。一般说来，江南人家常在屋前屋后栽上榉树，成材后为子孙打造家具所用。榉木家具的式样和制作工艺完全与用黄花梨、紫檀等打造的家具一样。最精致的榉木家具基本出产在苏州地区，所谓苏作家具也以榉木为主。明代的苏州工匠高手如云，艺技超群，承传有序。当时在苏州东山制作苏式家具已大量使用榉树，特别是明中后期黄花梨木材材源濒临枯竭，家具用材都以榉木替代，用榉木制作的几、榻、床、柜、案，仍然不失其质朴文雅的风格。特别是其近似黄花梨的色泽和大方流畅的花纹更令人爱不释手。所以，相比之下榉木家具在民间流传更多，历来为文人士大夫所钟爱。人们常见的明式榉木家具，形制古朴平易，其艺术成就可直追黄花梨、紫檀木家具。其中有不少品种还为明式家具的"孤品"。如王世襄先生在他的名著《明式家具珍赏》中列举的明榉木矮南官帽椅，原藏于中央工艺美术学院，即为其中有代表性的珍品。榉木家具精工制作，其形制文雅，工艺精湛，以苏州东山、无锡荡口地区所产为最佳，明清乃至民国时期不少文人骚客纷至沓来，竞相购置。当代不少文人学者和外国明式家具爱好者专门收藏明式榉木家具，究其原因，主要是被榉木材质固有的黄花梨色泽所打动，而且榉木花纹更为明朗流畅，如行云流水般典雅。

不管是紫檀，还是榉木，其木材质地之静穆、坚硬、古朴，其花纹之多姿、流畅、华丽，其色泽如阗玉般温润、典雅，充分说明明式家具用材质地的讲究，是讲求自然去雕琢的杰作。

因此，明式家具最被看重的就是如何凸显其材质之美。明式家具追求简约流畅、自然朴实，就是为了充分展现木材自身的材质、纹理、色泽之美，所以我们很少见到明式家具有大面积的雕饰，在整体的构造中，让材质之美自然呈现。这种审美观，十分契合中国文人璞玉浑金的文质观。袁宏道《瓶史》中，谈到家具：

"室中天然几一，藤床一。几宜阔厚，宜细滑。凡本地边栏漆桌，描金螺钿床，及彩花瓶架之类，皆置不用。"

其中"几宜阔厚，宜细滑"正是要求家具充分展示木材本身那种细腻又浑朴的美感。这种追求材质阔厚的审美旨趣，直到清代家具中也都被完整保留下来。虽然清式家具的风格已经发生了很大变化，一改明式家具简约的风格，崇尚端庄凝重，特别是出现了各种材质的镶嵌和大面积的雕饰，显得繁缛复杂，但在用料上，以一木制成的仍为上佳，在细小的部件上，也是用料宽裕，这是明代家具材质观的遗风流韵。

李渔在游历广东的时候，发现广东的木器制作往往附饰太多，不由发出感慨：

宋扬 《长物绘·天竺》71cm×34.5cm 2018 年

"予游东粤，见市廛所列之器，半属花梨、紫檀，制法之佳，可谓穷工极巧，止怪其镶铜裹锡，清浊不伦。"（《闲情偶寄·器玩部》）

这清浊之清，就是我们认为的本真的自然之美。文震亨在《长物志》中谈到书桌，指出"漆者尤俗"，认为不加髹漆，才更为清雅。当时的著名学者章学诚在其代表作《文史通义》中也论及："与其文而失实，何如质以传真"（《古文十弊》），这种对本真的追求，是当时极为普遍的审美理念。

唐代诗人顾况在《茶赋》中形容越窑瓷有句云："舒铁如金之鼎，越泥似玉之瓯"，其实金玉其质是中国传统对本真之美的一个概括，就是所谓"金玉其质、冰雪为心"。明式家具璞玉浑金的本真特点，与当时文人追求内心本真的理念完全契合。

李贽的"童心说"在明代晚期成为十分重要的思想主张，他认为：

"夫童心者，真心也；若以童心为不可，是以真心为不可也。夫童心者，绝假纯真，最初一念之本心也。若夫失却童心，便失却真心；失却真心，便失却真人。人而非真，全不复有初矣。"

这种童心之说，和当时的心学是密切相关的，即使在

《菜根谭》这样的人生哲理普及读本中，也有"夸逞功业，炫耀文章，皆是靠外物作人。不知心体莹然，本来不失，即无寸功只字，亦自有堂堂正正作人处"的认识。所谓"心体莹然"，就是本真的概念。这种本真的观念，在当时的学人论述中是十分多见的。明式家具的材质之美，与当时这种本真之美是基本同调的。

材质之美之外，就是明式家具的"包浆"之美了。对于明式家具皮壳所呈现的"包浆"，其成因还没有哪一本专著作专门的论述。"包浆"，其实就是光泽，但不是普通的光泽，而是器物表面一层特殊的光泽。大凡器物经过人与器物的反复触摸，沾染了人的气息，经年累月之后，会在表面上形成一层自然幽然的光泽，对于家具也可称"皮壳"，即所谓"包浆"是也。也可以这样说，包浆是在时间的磨石上，被岁月慢慢打磨出来的，那层微弱的光面异常含蓄，若不仔细观察还难以分辨。包浆之为光泽，含蓄温润，幽幽的毫不张扬，予人一份淡淡的亲切，有如古之君子，谦谦和蔼，与其接触总能感觉到春风沐人，它符合一个儒者的学养。这种包浆，从美学的角度来仔细分析，它是明与昧、苍与媚的完整统一。说它明亮，包浆的光亮的确光华四射，夺人眼目，但仔细看，它又决非浮光掠影，而是暗藏不露，有着某种暗昧的色彩。这种光亮十分神奇，古人也称为"暗然之光"。说这种光亮苍老，的确是经过岁月的洗礼而毫无火躁之气，但它又极其清新妩媚，仿佛池塘春草、柳变鸣禽。明与昧、苍与媚的和谐统一，极其符合中国艺术精神，也符合中国文人的人生原则。香港的董桥在谈到包浆时，有一比喻："恍似涟漪，胜似涟漪"，这个比喻是十分贴切的。所谓"温润如君子，豪迈如丈夫，风流如词客，丽娴如佳人，葆光如隐士，潇洒如少年，短小如侏儒，朴讷如仁人，飘逸如仙子，廉洁如高士，脱俗如衲子"，我觉得用来称赞包浆更为合适。

明式家具的美还来自于其紫黑的色调。明式家具用材，从色谱来看，基本是紫红渐至黝黑，即使是黄花梨，本色为棕黄色，但在空气中逐渐氧化后，也会呈现红褐色。这种色调，充满了中国的气息，我们统称为紫色。在古代，紫色是高贵典雅的象征：天宸的"紫微星"，天下的"紫禁城"，深宫称为"紫台"，祥瑞谓之"紫气"。古代以紫色为贵，古语中"纡青拖紫"、"芥拾青紫"、"朱紫尽公侯"、"满朝朱紫贵"都对紫色充满了赞美。在典籍中查考紫色，我们发现，紫色的文化传统十分久远。《韩非子·外储说左上》："齐桓公好服紫，一国尽服紫，当是时也，五素不得一紫。"在《汉书·百官公卿表上》中，紫色是"相国、丞相"的标志之一，所谓"金印紫绶"，成语中的"纡青拖紫"出处见汉代扬雄的《解嘲》，李善注引《东观汉记》："印绶，汉制公侯紫绶，九卿青绶。"我们常说的紫气东来，比喻吉祥祥瑞，出处是在汉代刘向的《列仙传》："老子西游，关令尹喜望见有紫气浮关，而老子果乘青牛而过也。"到了洪昇的《长生殿》中，"紫气东来，瑶池西望，翩翩青鸟舞前降"，这"紫气东来"已成了俗语，妇孺皆懂了。我们从明式家具上，反复感受它既温暖又坚莹、既生动又典雅的色泽，我们认为这是它们不加粉饰、自然纯净的材质之美，也是与"人气"相接，与时光相融而呈现的人文之美。

这种文质彬彬的美，这种文质相协的和谐之美，极符合中国文人的审美理想，这就是所谓的"品"，但更主要的，还须有这种璞玉浑金的"地"。明式家具之所以成为中国物质文化的杰出代表之一，正是文人的情怀和那无与伦比的材质共鸣的结晶，真可谓君子如玉，文质彬彬。

天工智巧，榫卯无痕

明中后期，社会经济得到了广泛的发展。特别是嘉、隆、万三朝，更是明代经济发展最快的时期。随着农业的发展，土地开发和利用率大幅提高，手工业生产也取得长足的进步。主要表现为生产技术的提高，民营手工业逐渐占据主要地位。纺织、冶炼、木器技术的进步促进了生产力的发展。如棉纺行业"一手握三管，纺于锭上"（《天工开物》卷上《乃服第六》）使纺线效率提高三倍。棉纺织业因此迅速崛起，到嘉、隆、万年间，江南的苏、松、常、嘉、杭诸府已成为棉纺业的中心，太湖周边涌现出震泽、南浔等一大批新兴的丝业市镇。其他省份，江西景德镇以陶瓷业，铅山以造纸业著称，广东佛山以铁器制造而闻名。河南省开封马道街的定戥很有名，当地出产的皮匣大箱、冠带帽盒、文具簪匣、七寸枕箱等也远销各地。至明末，苏州"多以丝织为业，东北半城，大约机户所居"（朱国桢《皇明大事记》卷四四《矿税》）。杭州地区不仅丝纺业发达，印刷、造酒、竹木等手工业也门类齐全。明中后期，市镇社会经济的发展有一个显著特点，就是大批具有专门文化知识的文人学士弃儒经商，对生产技术水平的提高和商品经济的发展产生了积极的影响。常熟人毛晋，明末应试不第，回乡以刻书、贩书和买卖字画为业，里中谚云："三百六十行生意，不如鬻书于毛氏"（叶德辉

《书林清话》)。《广志绎》曾这样记载苏州士人的新时尚："姑苏人聪慧好古，亦善仿古法为之……近者皆以紫檀、花梨为尚，尚古朴而不尚雕镂。即物有雕镂，亦皆商、周、秦、汉之式。海内僻远，皆效尤之，此亦嘉、隆、万三朝为始盛。"两部图文并茂的技术专著也应时而出，一部是王圻、王思义父子的《三才图会》(1609)，另外一部为何士晋的《工部厂库须知》(1615)。随后又有宋应星的《天工开物》(1637)横空出世，被外国学者称为"中国17世纪的工艺百科全书"，这些专著充分印证了这一时期生产技术所达到的高度和水平。

明式家具虽然全盛期并不很长，但在悠久的中国家具发展史上留下了最精华的篇章。明清时期中国经济文化发展最活跃的地区主要在东南沿海及长江流域，中国家具的主要产地也在这一地区，经济与文化相依托、相促进，特别是随着长江下游市镇的兴起，家具制作在16、17世纪的苏州和扬州达到完美的巅峰。在当时，以竹木家具制造和经销的作坊应运而生，不断涌现。"维扬家具"与"苏作家具"是明式家具中的经典样式。明代，大部分家具制品上并没有署名刻款，但业界通常会根据其出产的制作工坊，而判定家具品质的优劣高下，如苏州东山地区家具制作工坊集中，所产家具被称之为"东山工"，用材考究、工艺精湛，被公认为家具中的精品。这些地产家具造型简洁、线条流畅，整件家具气韵融通，不见斧凿痕迹，可谓美轮美奂。在明代家具制作的黄金时期，其中最美的家具基本上都取材于黄花梨等硬木。明人范濂在《云间据目抄》中记载："隆万以来，虽奴隶快甲之家，皆用细器。"可见当时使用硬木家具风气之盛，普通家庭置办细木家具已成为时尚。明代文人热衷于家具的设计和制作，给明式家具增添了不少文人的审美情趣。他们与工匠们密切合作，将自然与人文的有关专业知识运用在家具制作中，同时，又充分依托硬木材质的自然纹理，在接合技术上采用榫卯结构，譬如在转角位置使用抱肩榫，明式家具在结构造型上因此更趋合理，在美学上也达到返璞归真的境界。为了牢固，或以楔钉插入接合，或用霸王枨来支撑。这一工艺技术使明式家具足以独步世界家具制作领域，成为具有典型意义的"中国智造"。

不久前，有媒体报道《土木中华——中国古代建筑展》在北京举办，展览共分"中国古代建筑艺术魅力"、"中国古代建筑营造技艺"两部分，通过大量图片、多组模型以及视频展示了中国古代建筑悠久的发展历史、精湛的建造技艺，全方位、多角度地展示了中国古代建筑这一文化瑰宝。其中河北应县木塔的模型尤其夺人眼球。笔者曾专门赴大同华严寺、应县木塔等处做实地探访。无论是上、下华严寺的大殿，还是应县木塔，均为斗栱与榫卯结构。应县木塔始建于北魏太和十五年（491年），原名"静轮天宫"，后改属道教的崇虚寺。辽代佛教盛行，道教低潮，"辽清宁二年重建"，又改为佛教的佛宫寺（《嘉庆重修一统志》160卷32页）。应县木塔是中国现今绝无仅有的最高、最古老的重楼式纯木结构塔，全塔高67.3米，塔身共分五层六檐，如果加上内里四层暗层，也可以算是九层。在1500多年的岁月中，虽历经狂风骤雨、天崩地裂，仍屹立不倒。整座古塔全靠斗栱、柱梁镶嵌穿插吻合，以50多种不同形式的斗栱垫托接联砌建而成。古人在建筑上的精巧设计和大胆尝试，真是让人叹为观止。

中国古代建筑的显著特点就是大屋顶。因为中国古建筑所采用的材料主要是木头，作为木结构体系，用木头构成的屋顶大小直接决定房屋所占的空间大小，房子的面积越大，它们的屋顶也越高大。古代工匠们之所以创造性地采用大屋顶来造房子，主要是出于功能需要，屋顶四周屋檐延伸有利于避免雨水侵袭，而且房屋重檐的出现必然形成曲面屋顶。所以说，大屋顶不仅是为了美观，更是为了实用。一种建筑形式的产生，往往取决于诸多因素，包括材料、结构、技术、包括功能与审美需要等等。我们考察

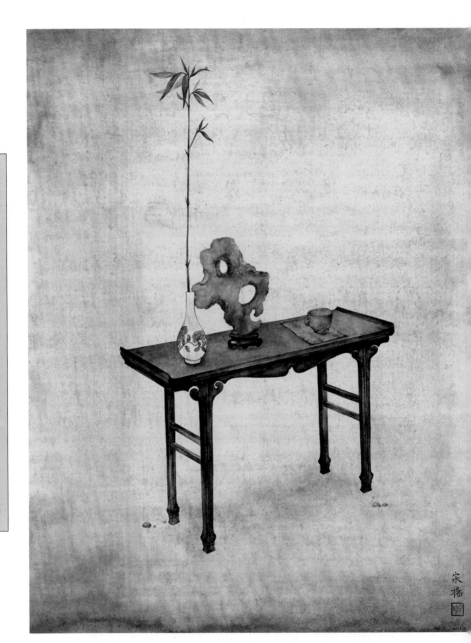

宋扬 《长物绘·轻竹》56cm×42cm 纸本 2016 年

唐、宋、元、明、清各代的大屋顶建筑，从城市到乡村，从宫殿到寺庙，中国的大屋顶建筑硕大又轻巧，极富神韵。其奥秘就在于建筑的最上部分，在柱子上梁枋与屋顶的构架部分之间，那里正是斗栱的位置。古代工匠们为支撑从屋顶延伸出来的屋檐，采用弓形的短木作为构件从柱子和梁上挑出，层层叠加，使屋檐得以伸出屋身之外，这种弓形短木就称之为"栱"，在两层栱之间用方木块相垫的小方木形如斗，这样由栱与斗组合而成的构件称之为"斗栱"。

斗栱形成的历史非常久远，从公元五世纪战国时期的青铜礼器，到汉的石阙、崖墓和墓葬中的画像石都有斗栱的形象出现。到了唐、宋时期，斗栱的形制已发展得相当成熟。山西五台山唐代佛光寺大殿是迄今保留得最为完整的唐代建筑，其大殿的斗栱形制十分经典。宋代以后，随着建筑技术的进步，特别是墙体普遍用砖垒砌，房屋的出檐不再需要深远了，斗栱在屋檐下的支挑作用逐渐减少，斗栱本身的尺寸也日渐缩小。明清时期，斗栱的结构作用相对更加减弱。不过，为了便于制造和施工，斗栱的样式越来越趋于统一和规范。宋朝的《营造法式》是一部由朝廷颁布的关于房屋建造形制的法规，正式规定将栱的断面尺寸定为一"材"，这个"材"就成为一幢房屋所有建筑构件的基本单位。清朝时，斗栱的名称与宋朝有所不同，当时以下层斗上安放栱木的卯口宽度为基本尺寸，并称之为"斗口"。斗栱的发明是中国古代建筑技术的一个伟大创举，作为榫卯结合的标准构件，美观而合用，对建筑的平衡稳定起到了关键作用。

榫卯结构是中国传统建筑使用最为广泛的一种凹凸处理的链接方式。凸出部分为榫或榫头，凹进部分为卯或榫眼。榫卯结构可上溯到七千多年前的浙江余姚河姆渡文化，在漫长的历史演进过程中，不仅在建筑与家具中使用，在其他竹木和石制器物中也使用。榫卯结构形式作为传统家具最主要的结构方式，也是中国家具区别于西方家具的最为显著的特点。虽然建筑和家具都应用榫卯结构，但二者在技术层面上的侧重有所不同，建筑上侧重结构稳定，因为榫卯结构在几个方向都可以开卯口，可以兼顾结合在同一点上不同方向的受力，合拢时成为一个高强度的完美整体；家具中的榫卯结构则成就了中国含蓄内敛的审美观，接合处由于有略微松动的余地，当无数榫卯组合在一起时就会出现极其复杂而微妙的平衡，除了木材延展力外，主要是由于一个个的榫卯富有韧性，不致发生断裂。

整套中国传统家具甚至整幢建筑都不使用任何金属，而仅仅依靠木材自然的构合，达成一个稳定而牢固的平衡，能在经历长期使用、自然损耗、甚至是地震的前提下，使用几百年甚至上千年，这确实是人类家具制作史上的奇迹。追根溯源，易学是这一奇迹的文化源头，特别是其中的阴阳观念和辩证思想，为这一发明创造找到了灵光一闪的智慧之源。老子《道德经》曰："道可道，非常道，名可名，非常名"。这个"道"可以说，但是又没法去明确表达。而《易经》则表达得更为干脆："一阴一阳之谓道"。注意了，这个"一"，不是数词，是动词，可以理解为"所以"，即：这个所以阴、所以阳的循环过程，称之为"道"。说白了就是大自然中春夏秋冬、生老病死、阴晴圆缺所蕴含的规律和逻辑。

孔子所说的"父母之年，不可不知也，一则以喜，一则以惧。"（《论语·里仁》）喜的是父母又长了一岁，惧的是离死亡更近了一步，一阳一阴两种心态同时并存于自然规律之中，这便是"一阴一阳之谓道"的一个实例。这种阴阳观念贯穿在整个中国文化体系中，就连人说话的声音也分成阴阳，分别是雄声（阳）和雌声（阴），所以，对某些说话的语气，就用"阴阳怪气"来表述。在地理中，将山的南面定为阳，山的北面定为阴，水的北面定为阳，水的南面定为阴，所以，中国很多城市的地名都跟山水有着直接的关系。如，衡阳、岳阳、江阴等等。衡阳得名是

宋扬　《长物绘·石畔》55cm×44cm 纸本 2017 年

因其在衡山之南，江阴得名是因其位于长江南岸，其余类此。在植物学中，树木也分阴阳，见光的一面叫树阳，不见光的为树阴。"阳也者，积理而坚；阴也者，疏理而柔"（《考工记》），意思是说阳面的木材致密坚实，阴面的木材疏松柔弱。对人来讲，男人为阳，女人为阴，女人要有柔情，男人要有傲骨。即便是在刻字上都分为阴刻和阳刻，而重阴必阳更是造字中的一个重要法则。建筑或家具中，如果只有榫没有卯，或者只有卯没有榫，只有阳没有阴，或者只有阴没有阳，器物就不能生成和发展，其道理就在于，"孤阳不生，孤阴不长是也"。传统中医学认为，任何事物互相对立着的一方面，总是通过消长对另一方面起着制约的作用。人体处于正常生理状态下，阴阳两个对立着的方面，也不是平平静静各不相关地共处于一个统一体中，而是处在互相制约、互相消长的动态之中的。所谓"阴平阳秘"（《素问·生气通天论》），也是阴阳在对立制约和消长中所取得的动态平衡。如果这种动态失衡即导致疾病的发生。"阴胜则阳病，阳胜则阴病"（《素问·阴阳应象大论》）说的就是这个道理。

凡此种种的呈现，都是"一阴一阳之谓道"规律的无声铺陈。这种阴阳理念，在中国传统家具的制作中，表现得尤为突出。实际上，传统家具就是"一阴一阳之谓道"

这一理念指导下的产物。其内在无处不在的阴阳法度，不仅是"道在器中"的精神特质，更是其历久弥新的神奇保证。

有史以来，但凡生生不息的器物，都要有鲜活的灵魂。

中国传统家具的灵魂就是榫卯结构，它是传统家具制作工艺中最令人神往的一面，也是最智巧的体现。据王世襄《明式家具》记述，其按构合作用来归类，大致可分为三种类型：一类主要是作面与面的结合，两条边的拼合，或面与边的交接构合。如，槽口榫、企口榫、燕尾榫、穿戴榫、扎榫等；另一类是作为"点"的结构方法。主要用于作横竖材丁字结合，成角结合，交叉结合，以及直材和弧形材的伸延结合。如格肩榫、双榫、双夹榫、勾挂榫、楔钉榫、半榫、通榫等。还有一类是将三个构件组合一起并相互连结的构造方法。这属于在运用一些榫卯联合结构之外，一些更为复杂和特殊的做法。如托角榫、长短榫、抱肩榫、宗角榫等。构成一件明式家具要采用若干个榫卯，它们分布在各个不同的部件上，包括框杆、条杆、面板、直枨、腿足与搭脑等，彼此之间相互关联，相互作用，从某种意义上说一件家具就是各类榫卯组成的大家庭。能工巧匠们通过这些充满智慧的"榫卯"将家具形体架构组合起来，并形成完美的统一体。如：

抱肩榫：束腰家具的腿足与束腰、牙条相结合所作用的榫卯，主要功能是使束腰及牙条结实稳定。其做法采用45度，榫肩出榫和打眼，嵌入的牙条与腿足构成同一层面。

夹头榫：案形结合体家具常用的榫卯结构。四足在顶端出榫，与案面底卯眼相对拢。主要功能是使案面与腿足的角度不易变动，保持稳定牢固。

粽角榫：用于桌子、书架、柜子等家具，一般来说有直榫、半榫、三角榫之分，往往是三根木材相交于一点，其榫卯角度要求严格精准。

挖烟袋锅榫：把横材下面做出榫窝，直材上端做出榫头，将横材压在竖材上，常用于椅子扶手、靠背椅和木梳背椅的搭脑部分，如玫瑰椅、南官帽椅的扶手等。

除此以外，工匠们还常常使用挤楔。

挤楔是一种一头宽厚，一头窄薄的三角形木片，将其打入榫卯之间，使二者结合更为严密。榫卯结合时，榫的尺寸要小于眼，二者之间的缝隙则须由挤楔备严，以使之坚固。挤楔兼有调整部件相关位置的作用。

破头楔比较常用，其做法通常是在透榫端部靠近外侧的适当位置，预先锯开楔口，待榫入卯后，再备入楔子，使榫头体积加大。此楔口也可以临备楔前用凿子刻开。常用在攒边的桌面、椅面、床面的四角等结构部位的透榫上；半榫破头楔，做法是让楔子在半眼的卯里撑开，不用钉不施胶，却使榫头很难再退出，是一种不可逆的独特而坚固的结构，最适宜用在像抽屉桌面下的矮老等悬垂而负重的部件上。这种作法不常使用，因为它没法修复，被称为"绝户活"。

大进小出楔，是在半榫的基础上，用较壮而规整的木楔穿透家具表层将半榫备牢，省工省料，既美观又坚固。这种楔一般用在两层材料不一致的家具之上，也可用在断损的榫的修复上。

另外，苏式家具通身无一处透榫，也不施胶，只是在几个关键部位用几枚竹钉来固定。这种竹钉俗称"管门钉"，取自古代管城门的兵士"管门丁"之意。如靠背椅搭脑与扶手上的四颗竹钉其实起到了固定整体的作用。

"打洼"是传统家具制作工艺中的一项独特技术，即将家具线脚起阳线时又同时做出凹挖，一阳一阴，一凸一凹，也是"一阴一阳之谓道"这一理念的一种呈现方式。

榫卯有内部构造与外部缝线。榫卯内部结构原理各有不同，其投装方向和受力结构，组成了彼此之间受力与抗力的关系，各种组合千差万别，各有巧妙不同。各种部件的榫卯造型及材质的凝聚力是榫卯结构的核心，它们之间既要装得稳固，又要拆得合理。以达到结构精巧、工艺精良、合缝紧密、界缝美丽、木纹上下圆通顺畅，横竖天衣无缝的绝佳效果，真是神思妙想的创造，巧夺天工的技艺。

几案一具，别有洞天

明朝嘉、万年间，江浙地区以士商为主体的有闲阶层"以豪侈相高，习染成俗"（嘉靖《太仓州志》卷二），"今天下之财赋在吴越。吴俗之奢，莫盛于苏；越俗之奢，莫盛于杭。"（明·陆楫：《蒹葭堂稿》卷六《杂著》，嘉靖四十五年陆郊刻本）在侈靡成风的社会环境下，有闲阶层"竞势逐利，以财力相雄长"。于是大肆购进"书画鼎彝"等"玩好之物"，以满足人们斗侈又免俗的需求。与之相配套的清供摆件、微型几架也应运而生。

明式家具的魅力，不仅来自于体现日常功用的大件，也反映在细节独特精巧的小件上，特别是文人书斋案头上的清供摆件、微型几架，作为日常的文玩雅趣之物，其用料之考究、做工之精湛、情调之雅致，为历代文人墨客所钟情。古典家具在旧时厅堂和书房的摆设具有秩序感和尊严感，体现了文人雅士个人的秉性与爱好。今人对明式家具的审美印象，除为数不多的实物遗存之外，主要是来自当时的绘画、小说和戏剧剧本插图。特别是以文士倚榻沉思、抚琴寄意、揽卷自娱为题材的作品，或者其中所展示的文人书斋画室，从中可以一窥室内几案陈设的基本样貌。

我们在考察明式家具材质、工艺和审美等整体特质时，往往容易忽视几架、箱盒、屏风等文案清供的审美价值。实际上，这些微缩版的明式家具，更能将明式家具高超的制作技艺展现得淋漓尽致，可以说是精华中的精华，堪称极品。明式家具之所以为历代文人墨客所推崇，主要在于其文质彬彬的别样质地，而这种特质的形成，又与文人的鉴赏把玩关系很大，因此有"雅玩"之说。文案清供，作为旧时文人书房必备用品，正是文人雅士们燕闲生活的寄情雅玩。与文案清供相匹配的几架座托等，虽然形制不大，但制作精巧，尤为读书人所喜爱，在明式家具的制作上占据重要的一席之地。

文房清供的制作自汉代始，兴于唐宋，至明清更趋多样丰富，虽然年代不同，其形制和用途也有一些差别。但随着制作工艺的不断改进和完善，这种"斋中清供"也逐渐呈现出实用性与艺术性相得益彰的显著特点，成为文人墨客点缀书案、玩赏自娱的清供陈设，也成为他们心寄林泉，超凡脱俗人格精神的一种投射，是自然与自我在书斋中和谐共处的一种情感表征。

明末屠隆所著《考槃余事》中共列举了 45 种文具，集当时文房清玩之大全。文中列举"笔床"云："笔床之制，行世甚少。有古鎏金者，长六七寸，高寸二分，阔二寸余，如一架然，上可卧笔四矢，以此为式，用紫檀乌木为之，亦佳。"又列举"笔屏"云："有宋内府制方圆玉花

宋扬 《长物绘·炉香乍爇》100cm×40cm 纸本 2017 年

板，用以镶屏插笔最宜。有大理旧石，方不盈尺，俨然山高月小者、东山月上者、万山春霭者，皆是天生，初非扭捏。以此为毛中书屏翰，似亦得所。蜀中有石，解开有小松形，松止高二寸，或三十五株，行列成径，描画所不及者，亦堪作屏，取极小名画或古人墨迹镶之，亦奇绝。"明代戏曲家高濂在他的《高子书斋说》对当时的文人书斋的陈设有一番具体的描述："斋中长桌一，古砚一，旧古铜水注一，斑竹笔筒一，旧窑笔洗一，糊斗一，铜石镇纸一。……床头小几一，上置古铜花尊，或哥窑定瓶一，花时则插花盈瓶，以集香气；闲时置蒲石于卜，收朝露以清目。或置鼎炉一，用烧印篆清香。冬置暖炉一。壁间挂古琴一，中置几一，如吴中云林几。……或倭漆龛，或花梨木龛以居之。上用小石盆之一，或灵璧应石，将乐石，昆山石，大不过五六寸，而天然奇怪，透漏瘦削，无斧凿痕者为佳。……几外炉一，花瓶一，匙箸一，香盒一，四者等差远甚，惟博雅者择之。"从上述描绘中，不难看出明代文人对书斋陈设构思之巧、用力之专、格调之雅。文房摆设要安妥得体，错落有致，以体现居舍主人的性情品格。明代大画家董其昌在其《骨董十三说》中也有论述："先治幽轩邃室，虽在城市，有山林之致。于风月晴和之际，扫地焚香，烹泉速客，与达人端士谈艺论道，于花月竹柏间盘桓久之。饭余晏坐，别设净几，辅以丹麴，袭以文锦，次第出其所藏，列而玩之。"由此可见，古人对书房家私设置，文案清供安排，居处环境营造，既要布局合理，疏朗有致，又要布置清雅，安适方便，达到看似不经意而处处经意的效果。

随着明代商品经济的繁荣和传统手工艺的发展，文房清供的制作种类更趋多样，工艺更为繁杂。明清之际，特别是长江以南的苏州、杭州地区市井繁华，商铺林立，充分的商业竞争催生了成熟的手工工艺。对于精美的文房清供，不仅文人墨客、巨贾豪客竞相追捧，朝廷上下更是推波助澜。据明代陆容《菽园杂记》所记："京师人家能蓄书画及诸玩器盆景花木之类，辄谓之'爱清'。盖其治此，大率欲招致朝绅之好事者往来，壮观门户；甚至投人所好，而浸润以行其私；溺于所好者不悟也。锦衣冯镇抚珏，中官家人也，亦颇读书，其家玩器充聚。与之交者，以'冯清士'目之。"清朝康雍乾三代，其清供制作规模之大、数量之巨，形制要求之高之精可谓空前绝后。如乾隆三十五年内廷档案"匣作"记载，所列配匣文具有"白玉佛手笔掭一件，（配木座）腰元洗，青花白地小水丞一件，青绿蛤蜊笔掭，青玉瓜式水丞，白玉双鱼洗，掐丝珐琅水注，霁红笔洗一件，青绿马镇纸，青花白墨罐一件，哥窑小笔洗一件，白玉合卺瓠，配得合牌座样持进，交太监胡世杰，交淳化轩续入多宝格内摆。"由是可见，清代内廷文房清供均按不同功用分别命名，其质地种类多样，制作要求精奇。其中如笔筒、笔架、笔洗、砚屏、水丞、水注、墨床、镇纸，以及几案、官皮箱、多宝格和宝物箱等所有这些，一方面可供宫廷殿内陈设，另一方面也为宫廷上下实用而鉴藏，其蕴含的文化内涵和人文品位自然难以计量，加之宫廷制作，造型典雅，工艺精湛，其中凝聚了那个时代能工巧匠的聪明才智，确是让人叹为观止，称羡不已。

明代文房清供种类繁多，分类芜杂，有广义和狭义之分，广义可涵盖古人书房中所有的家具陈设，甚至张挂的书画。狭义的则主要是案头家具。如插屏式案屏，适宜放在书房桌案上，除了体积小，与大型座屏的构造别无二致。两个墩子上竖立柱，中嵌绦环板，透雕斗簇C字纹，站牙与斜案的披水牙子上也镂刻C纹饰，屏心嵌镶大理石彩纹板。案屏最小的是画案上陈放的砚屏，为墨与砚的遮风，尺寸一般为一二十公分长宽。再如提盒，古代的提盒主要是用来盛放食物酒茶的，便于出行携带。至于明代文人所钟情的用硬木制作的提盒，不是食物盛器，而是用来存放玉石印章等小件文玩的。置放在文房案桌上又可作为摆设欣赏，是文人墨客的至爱。一般提盒有二撞提盒与三撞提盒之分，四撞提盒极少，尺寸为二三十公分长宽高。又如官皮箱，为平常人家常备之物，不为宦官人家所特有，形制尺寸也差不多。一般顶盖下有平屉，两扇门上缘留子口，用以扣住顶盖。顶盖关好后两扇门就不能开启，门后设有抽屉，底座镂出壶门式轮廓并刻上卷草叶纹。需要说明的是官皮箱平常人家用来存放女眷饰品，而文人墨客就用来收纳玉器象牙等文玩。此类文案清供以黄花梨、紫檀木制作的最为名贵。无论提盒还是官皮箱因常常开闭移动，往往在转角处包裹上薄薄的铜片，年代既久，磨洗发亮，就越发显得古朴典雅，四只角古铜色的小小铜片与提盒的硬木花纹相映衬，构成一种低调的奢华。

文房清供中的案头家具在明清的文人眼里不仅仅是一种实用器具，更是一种可供赏玩的艺术私藏品。文人还积极投入这些清供用品的创意制作过程，在其中融入更多的文化精神和美学思想，体现文人独有的生活理念和情感追求，使这些精巧的案头家具更具文化的魅力和价值。有些文房家具作为玉器，瓷器和象牙制品的座托和几架，原本是配角，但因构思精巧，制作精良，竟也与古玩主角相辅相成相得益彰，直至浑然一体，难分伯仲。

李渔在《闲情偶寄》中有关于"箱笼箧笥"的记载：

"随身贮物之器，大者名曰箱笼，小者称为箧笥。制之之料，不出革、木、竹三种；为之关键者，又不出铜铁二项，前人所制亦云备矣。后之作者，未尝不竭尽心思，图为奇巧，总不出前人之范围；稍出范围即不适用，仅供把玩而已。予于诸物之体，未尝稍更，独怪其枢太庸，物而不化，尝为小变其制，亦足改观。法无他长，惟使有之若无，不见枢纽之迹而已。"

"予游东粤，见市廛所列之器，半属花梨、紫檀，制法之佳，可谓穷工极巧，止怪其镶铜裹锡，清浊不伦。无论四面包镶，锋棱埋没，即于加锁置键之地，务设铜枢，虽云制法不同，究竟多此一物。譬如一箱也，磨砻极光，照之如镜，镜中可使着屑乎？一笥也，攻治极精，抚之如玉，玉上可使生瑕乎？有人赠我一器，名'七星箱'，以中分七格，每格一替，有如星列故也。外系插盖，从上而下者。喜其不钉铜枢，尚未生瑕着屑，因筹所以关闭之。遂付工人，命于中心置一暗闩，以铜为之，藏于骨中而不觉，自后而前，抵于箱盖。盖上凿一小孔，勿透于外，止受暗闩少许，使抽之不动而已。乃以寸金小锁，锁于箱后。置于案上，有如浑金粹玉，全体昭然，不为一物所掩。觅关键而不得，似于无锁；窥中藏而不能，始求用钥。"

明清时，这些器具的制作有着极为严格的规定和具体的要求，无论是民间的能工巧匠还是宫廷造办处的督办大员，从选料到工艺把控，再到成品检查都力求一丝不苟，精益求精。如清代姚文瀚《弘历鉴古图》（故宫博物院藏），此画仿宋《二我图》，图中榻形形制依旧，但周遭摆放的各种几案为明清时期经典款式。

又如明崇祯本《金瓶梅》插图（《金瓶梅词话》第九十七章）卧室睡床侧置坐地衣架，矮柜上置樟木箱，离床较远的地方有一张大案，大案上摆放提盒、木架圆镜，案旁边有一圆形坐墩。清代宫廷文房用具，均以内廷样式制作，一部分由内廷造办处自行督造，一部分交由地方按内廷式样制作，也有地方巡抚官员按年例进贡的方物制作。其造型、质地、种类丰富多彩，凸显文房用具的雅致与精巧，可谓美轮美奂，无与伦比。作为文案清供的微型家具制作，一般具有这几大特点：一是宫廷内府的形制规定明确；二是文人墨客的直接创意；三是选料考究，一般都用黄花梨和紫檀等硬木；四是工艺复杂，虽属微型家具，但在榫卯结构上丝毫不差；五是用工耗时多，做工精湛；六是不落俗套，别具一格。

文案清供，包括旧时文人和宫廷内府文房书斋案上所陈设的摆件古玩，与这些摆件古玩的座托、几架、箱盒等，形制虽小，气韵超拔。其用料、工艺等都是优中选优，好上加好，精中更精，是明式家具的微缩与精萃。《收藏》杂志 2015 年第 11 期（总第 317 期）刊文《纽约佳士得开卖"中国座"》，特别提及"本季纽约佳士得一个有趣的举动，在 9 月 17 日举办'载古托珍'美国私人典藏座子专场"。这一专场展出了 100 多件由藏家历经半世纪精心搜求而得的珍罕明清座子，涵盖各式造型与材质，重要拍品包括一件清 18 世纪剔红锦地回纹座、一件清 18 世纪御制紫檀八仙座、一件清 18 世纪掐丝珐琅束腰缠枝莲纹几座。佳士得认为："学者、藏家和博物馆馆长现已意识到，这些座子即便不是艺术品的组成部分，但传统以来却是呈现中国艺术珍品的重要环节"。这是明清文案清供日益受到收藏界重视的一个鲜明例证，也再度显示了其在明清家具制作中占有的重要地位。可见，明清文人及失意官宦期望过一种闲云野鹤般的生活，在这种文案清供的陪伴下，追慕宋元时文人的行止和心绪，避世逃遁，安妥心灵，独善其身，保全人格。无论是酒瓢、诗筒、笔筒、香筒、笔架，还是镇尺、臂搁、墨床、屏风、几案、棋盒，都是他们眼中的山林，心中的乐土。

所以，明式家具中的微型几架是值得关注与研究的一个门类，无论从木料材质、制作工艺和人文内涵都是明式家具浓缩的精华，其历史文化价值无可替代。

雅舍书房，道在器中

中国向来是礼仪之邦，自古以来就十分重视礼仪礼规，无论官府或私家都是如此。据吴自牧《梦粱录》记载，南宋都城临安设有专为官府或私家举办宴会庆典的专门机构，为宴会场地布置家具，诸如桌、椅、凳、几案等。官民庆典各有不同礼仪礼规，都得按章办事，处置得当。"湖上笠翁"李渔一生跨明清两代，撰述颇丰，声名卓著。他在《闲情偶寄》一书中对家具器物摆设有一段精辟论述："器玩未得，则讲购求；及其既得，则讲位置。位置器玩与位置人才同一理也。设官授职者，期于人地相宜；安器置物者，务在纵横得当。设以刻刻需用者，而置之高阁，时时防坏者，而列于案头，是犹理繁治剧之材，处清净无为之地，黼黻皇猷之品，作驱驰孔道之官。有才不善用，与空国无人等也。他如方圆曲直，齐整参差，皆有就地立局之方，因时制宜之法。能于此等处展其才略，使人入其户登其堂，见物物皆非苟设，事事具有深情，非特泉石勋猷，于此足征全豹，即论庙堂经济，亦可微见一斑。未闻有颠倒其家，而能整齐其国者也。"明清时期，一般来说起居室或客厅以固定的格式来设置家具，以便款待宾客（如明崇祯本《金瓶梅》插图）。卧室家具陈设相对固定，餐室也大同小异，文人雅士的书斋和女眷闺阁中的家具布置就灵活、私密多了（如明万历本《荆钗记》

插图）。

　　早期明式家具研究的专家、法国学者古斯塔夫·艾克教授有过这样一段描述："明代有闲阶级的家宅在严肃和刻板的简朴外表下显示出高雅的华贵。宽敞的中厅由两排高高的柱子支承；左面和右面，或东面和西面是用柜橱木材创作的棂条隔扇，其背后垂挂色彩柔和的丝绸窗帘。墙面和柱面都糊有壁纸。地面铺磨光的黑色方砖。以这幽暗的背景为衬托，家具的摆放服从于平面布局的规律性。花梨木家具的琥珀色或紫色，同贵重的地毯以及花毡或绣缎椅罩椅垫的晕淡柔和色彩非常调和。室内各处精心地布置了书法和名画挂轴，托在红漆底座上的是青花瓷器或年久变绿的铜器。纸糊的花格窗挡住白日的眩光。入夜，烛光和角灯把各种色彩融合成一片奇妙谐调的光辉。"（艾克著《中国花梨家具图考》）艾克所描述的明代家具环境和明式家具所安置的场景反映了中国北方城市家庭，特别是上层达官贵族阶层的家居生活场景。其实，在中国南方，在生产明式家具主要所在地的苏州地区，其家居环境更加简洁雅致。它们与江南园林相得益彰，更体现文人雅士的生活情趣。从清宫旧藏的《燕寝怡情》图册，可以看出家具陈设在古人日常生活中的重要地位。雅舍是古代中国文人的精神家园，而书房则是文人安妥心灵的最佳场所。《燕寝怡情》中所呈现的书房家具雅致精美，营构了浓郁的书香氛围，与主人的精神世界契合。在居室环境设计中，不应贪贵求多，而应趋简求雅，回归本源，在与自然的融合中，感受生活的趣味和生命的真谛。

笔者曾在《几案一具，闲远之思》一文中论及明清两代江南文人士大夫的生活情状与明清家具的关系，可以说当时文人的闲情逸致对明清家具高度审美化起到了关键的作用。日前，笔者在孔夫子网购得1904年上海艺苑真赏社印行的《燕寝怡情》珂罗版画册，细细品鉴趣味无穷，尤其是画册中呈现的家具陈设尤为考究，堪称古人雅舍怡情闲适之典范。

雅舍，在崇尚诗文才学、"学而优则仕"的古代中国，是文人的精神家园。明代陈继儒《小窗幽记》如此描绘其理想中的家居生活："琴觞自对，鹿豕为群；任彼世态之炎凉，从他人情之反覆。家居苦事物之扰，惟田舍园亭，别是一番活计。焚香煮茗，把酒饮诗，不许胸中生冰炭。客寓多风雨之怀，独禅林道院，转添几种生机。染瀚挥毫，翻经问偈，肯教眼底逐风尘。茅斋独坐茶频煮，七碗后，气爽神清；竹榻斜眠书漫抛，一枕余，心闲梦稳。"每一位文人雅士都渴望有一方自己的天空，雅舍书房便是他们的安身立命之处。购置一套书房家具，收藏几件古玩字画，案头摆放笔墨纸砚，闲时随性涂写赏玩。达则兼济天下，穷则独善其身，不大的空间里安置了文人骚客的理想。或把玩瓷器字画于灯下，或对酒当歌于窗前，古色古香、典雅诗意的书桌椅，散发着浓浓的书卷气，让您领略一种坐卧书斋听林涛的悠然。莫恋浮名，梦幻泡影有限；且寻乐事，风花雪月无穷。这是一个文人梦想中的别有洞天。

在古代，能称作"书香门第"之家，必有书房。书房在家中应该是最高雅的所在，能营造出浓郁的文化氛围。如果说大堂客厅关乎面子，雅舍书房则于面子之外，还关乎心灵。在这方小天地里，可读书弄琴，可吟诗作画，可焚香品茗，可执棋对弈……从书里的墨香到墨池里的笔影，都联结着文人的内心世界。

唐代刘禹锡有一间雅舍，因"斯是陋室"，建筑外观上估计与诸葛亮的茅庐类似，和乡里不起眼的草屋没啥两样，但因"惟吾德馨"，便可以"谈笑有鸿儒，往来无白丁"，足令主人自赏自傲，自得其乐。与刘禹锡同时代的白居易在其《草堂记》中也有一段记载，将书斋的不俗布置尽情呈现出来："三间两柱，二室四牖，广袤丰杀，一称心力。洞北户，来阴风，防徂暑也；敞南甍，纳阳日，虞祁寒也。木斫而已，不加丹，墙圬而已，不加白。砌阶

宋扬　《长物绘·竹里馆》70cm×34cm 纸本 2018 年

用石，幂窗用纸，竹帘纨帏，率称是焉。堂中设木榻四，素屏，漆琴一张，儒、道、佛书各三两卷。"把它视作诗人自己的别筑雅室。梁启超有饮冰室，使他身逢乱世安于一室，面壁冷峻思考，出手奇绝文章，给时人以启迪。

到了现代，文化人同样在意自己的雅舍书房，即便是忙于经营的企业家，也会在书房陈设上下功夫。作为重要而私密的社交场合，书房在现代人的工作生活中仍然承袭着传统，不管是运筹帷幄于宦海的显贵，抑或是纵横捭阖于商海的富豪，还是韬光养晦潜心治学的贤达，都希望在清幽雅洁的书房里，在配置得当的桌案柜几间，会友晤谈，静坐私语，为自身觅得一方精神苑囿。

以硬木古典家具和精美书房用品为载体的雅舍文化，在功用上注重闲适诉求，亦即问雪月不避世俗，为历代文人骚客尽折腰。《燕寝怡情》画册中的精美画图再现了旧时的古典雅舍，这是明清士大夫们怡然自得的自在道场。此图册原为清宫内府收藏，计十二开二十四幅，其扉页盖有"乾隆御览之宝"和"嘉庆御览之宝"两方钤印。画册一部分为吾乡望族无锡秦氏收藏，另外一部分流落海外，最终被美国波士顿美术馆收藏。秦氏第 32 世孙秦文锦在 1904 年创建艺苑真赏社时以珂罗影印出版。秦氏收藏的十二幅画图被秦氏后人于 2010 年在上海拍卖，轰动一时。

画册对明清时期皇亲国戚的家居生活作了全景式的展现，特别是对家具陈设作了细致入微的描摹，生动细腻，极为精致。

从旧藏珂罗版的画册中可以列举几幅，看其中的家具是何等的雅致精美，家具陈设与雅舍关系又处理得何等的协调妥帖。打开画册的第一幅画就是描绘雅舍的书房，主要陈设的家具为一书桌、一南官帽椅、一亮格书柜而已。画面中，一女子坐在南官帽椅上翻阅书桌上的图册，背后为高大书柜，至少有四至五格。前面为假山门廊，门廊的柱子上挂着一把古琴；右面是翠竹小园，极为清幽静穆。画册第十三幅画图所表现的应该是画室，图中有三位人物，画中男女人物坐的是三围罗汉床，床前是画案，男主人在画案上画扇面。画案后面，即在罗汉床的左边，放着一张花几。画案的牙条是简练流畅的螭龙造型，足部为方马蹄型，画案的大体风格为清式。罗汉床为三屏式，围屏中间嵌的不是大理石板，应该是竹子图纹的浅刻画板。画案后面摆设的花几台面是大理石板，画案下方的踏脚是树根形制，随意而自然。罗汉床后面透过回型窗格能隐隐见到芭蕉树的形态，影影绰绰，摇曳生姿。

从上述列举的画册第一幅书房和第十三幅画室的家具陈设，可一窥古人雅舍陈设之究竟。家具形制大小高低错落有致，物件数量配制简约实用，家具与人物、环境的搭配也非常协调，从而构建起雅舍的独特空间和儒雅氛围。明末清初张岱、李渔等大家对雅舍家具之陈设都有独到见解，并在他们的著述中多有描述。张岱在《陶庵梦忆》中收录两篇短文描述古人雅舍书屋的风貌：

"陔萼楼后老屋倾圮，余筑基四尺，造书屋一大间。傍广耳室如纱幮，设卧榻。前后空地，后墙坛其趾，西瓜瓤大牡丹三株，花出墙上，岁满三百余朵。坛前西府二树，花时，积三尺香雪。前四壁稍高，对面砌石台，插太湖石数峰。西溪梅骨古劲，滇茶数茎，妩媚其旁。梅根种西番莲，缠绕如缨络。窗外竹棚，密宝襄盖之。阶下翠草深三尺，秋海棠疏疏杂入。前后明窗，宝襄西府，渐作绿暗。余坐卧其中，非高流佳客，不得辄入。慕倪迂清閟，又以'云林秘阁'名之。"（《梅花书屋》）

"不二斋，高梧三丈，翠樾千重，墙西稍空，腊梅补之。但有绿天，暑气不到。后窗墙高于槛，方竹数竿，潇潇洒洒，郑子昭'满耳秋声'横披一幅。天光下射，望空视之，晶沁如玻璃、云母，坐者恒在清凉世界。图书四壁，充栋连床，鼎彝尊罍，不移而具。余于左设石床竹几，帷之纱幕，以障蚊虻，绿暗侵纱，照面成碧。夏日，建兰、茉莉芗泽浸人，沁入衣裾。重阳前后，移菊北窗下。菊盆五层，高下列之，颜色空明，天光晶映，如沉秋水。冬则梧叶落，腊梅开，暖日晒窗，红炉毾氍。以昆山石种水仙，列阶趾。春时，四壁下皆山兰，槛前芍药半亩，多有异本。余解衣盘礴，寒暑未尝轻出，思之如在隔世。"（《不二斋》）

张岱的两则小品，对明代文人自我营造的书房雅室极尽铺陈，那个时代的士子对书房陈设环境的讲究大大超乎现代人的想象力。另外一位大家陈继儒在《小窗幽记》中以更为简练的文字来描述这个雅舍道场，即"净几明窗，一轴画，一囊琴，一只鹤，一瓯茶，一炉香，一部法帖；小园幽径，几丛花，几群鸟，几区亭，几拳石，几池水，几片闲云"而已，然道在其中也。

其实苏州园林中就有不少这样的雅舍经典之作。如留园轩外石林小院内，幽径缭曲，几拳石，几丛花，清幽宁静。室内西窗外，峰石洵奇，微俯窥窗而亲人。西窗下，琴砖上有瑶琴一囊。北墙上，花卉画屏与尺幅华窗，两相对映成趣。花窗外，竹依于石，石依于竹，君子大人绝尘俗，宛如白居易所谓"一片瑟瑟石，数竿青青竹。向我如有情，依然看不足"的意境。雅舍之雅尽在其内，高朋鸿儒出入其中，虽不绝世而如隔世也。

无论是家具陈设还是居室内外的环境营造，它们是如此相互照应，互为空间；无论是张岱还是陈继儒，他们都以绮丽隽永的文笔描述自己心中的书房雅舍，寄托着自己也是那时文人士大夫的理想精舍。他们在这安静美妙的空间里，找到了自信自尊和自我的人格归宿。上善如水，道在器中，身处其中，宛若置身心游象外的仙境道场。虽世事沧海，于心有戚戚焉。

现代人对家具和宅邸的追求随着物质文明和精神文明的进化而不断演变。家具陈设和居所优劣不再拘执于一端，不求其贵但求其雅，不求其多但求其精，即所谓的"极简主义"已经成为一种时尚。所谓雅舍，是旧时读书人"夜眠人静后，早起鸟啼先"的圣地，在这里能临轩倚窗仰望星空，能穿透物欲横流的阴霾，远离尘世的狂躁，让思想与心灵超越粗糙与荒凉，享受"寂寞的欢愉"。追慕传统不是复古，是传承基础上的时尚。现时的人们希望自己的家中有一间活色生香的书斋，总会在书斋中添置与之相匹配的书房家具，书案、书柜、花几、禅椅等；考虑书斋与房舍走廊及小园的空间组合，种竹栽树，摆花挂画，形成一种幽静、秀美、典雅的天地。对不少人来说，拥有自己理想的雅舍不再是梦想，完全不会再去感受"囊萤凿壁"的激动。但如何才能构筑一间理想的书房，在其中可读书吟诗，可研墨挥毫，可观云起云卷、光阴变幻，

宋扬 《止园·漫漫》98cm×35cm 纸本 2017 年

享受淡定自如、散漫闲逸的趣味。这样的雅舍不是有钱就能办到的，也不是想办就能实现的。在笔者看来，可以从四个方面进行考量。

一是融合中西。改革开放以来，东西方文化的碰撞交融已渗透在现实生活的方方面面。书房是最有个性而私密的场所，"高大上"的西式家具光鲜，但显得过于生硬；成套的中式家具典雅，却流于呆板。有限空间，简约为上，不求一律，适合就好。如果在绵软的沙发间摆放一两张明式椅子；或于成套中式家具中配一张西式软椅，无论是质感对比，块面与线条的配合，东西方家具语言的对话会显得融会贯通，更有书卷气氛。推而广之，如果是雅舍小园，其造园布局也应秉承这个原则，小中见大，简约空灵，错位混搭，中西合璧。其实，西方中产阶层所推崇的所谓"极简主义"与中国文化人追求简朴的传统审美理念是相通的。

二是穿越古今。千百年来，中国传统文化的代表元素，诸如诗、书、礼、仪、乐、茶、香、琴、花、剑等未曾有变，如果将这些古礼古道融入到日常家居的设计和营构中，或将成为一道亮丽的风景。当下，许多人将书房雅舍变成了附庸风雅的显摆。其家具陈列也成为身份与财富的符号，往往流于形式，雅舍不雅。硬邦邦的一堆硬木成品，冰冷而缺乏质感，尤其是内涵缺失，不仅缺失与时空的互动，更缺失内心的反省和心灵的自由。如果以书房为修养的道场，将琴棋书画汇于一室，熏一席沉香，沏一壶好茶，夜深人静，闻虫语，阅诗书，观锦绣。或案头孤灯的幽思，或丹青橼笔的写意，或心怀天下的寄畅。不论是笑痴低吟，还是怀志仰啸，识由境生，此中奥秘就不仅仅是一间书房画室了。不知何时，竟走出一位心有别注、笃定从容的高人，或假以时日，竟造就了一个怀抱建安风骨、盛唐气象、布衣情怀的才子，也未可知。

三是回归本源。"室雅何须大，花香不在多"，雅舍书房的空间不宜过大，也不能有压迫感。关键在于书房家具与主人两相适应，主人之气场平和为上，即所谓"风水"与"气场"要对路。高濂《高子书斋说》云："书斋宜明净，不可太敞，明净可爽心神，宏敞则伤目力。"以小见大，以虚为实，临窗借景，月夜光影，静谧空灵，一柱沉香，青烟袅袅，孤灯夜读，思绪绵绵。冬有梅花秋有菊，夏有荷花春有兰，四季变化，光阴时移，诸如此类都会给雅舍增添一份别样的情致。家具陈设与雅舍书房相得益彰，特别要注意其"生态"之营造，一桌一椅、一几一案的摆放都着眼于将沉静的内敛和外放的气质相统一；声光电与通风透气、日光采照、温湿清洁度之间关联等等，都应求得人居与"物居"的平衡，要让人的心理承受力与情绪外泄需要的空间平衡，独处而不显孤单，声息吐纳更自由。所谓回归本原，就是要依据书房和家具的自然属性，利用自然色彩和案头植物，利用自然光照的变化，尽力摆脱所谓电气化和工业化带来的冷漠和呆板，让有限的格局注入柔性的原素，追求回归自然的质朴。

四是道在其中。中国文化传统认为"形而上者谓之道，形而下者谓之器"，"君子不器"。我们说雅舍与家具不能做物的"俘虏"，要尊崇以人为本、天人合一的理念。一种有形之物如果没有无形的人文精神和内在规律作支撑，是没有生命力的。换句话说就是，"道"是器物的灵魂所在，无论是人还是物，只有"道在其中"才会令器物饱含生机，才会有生命和精神，才能有凌驾和超越器物本身的价值。老子《道德经》中说到"道可道，非常道，名可名，非常名"，就是这个道理。所谓雅舍，主人不雅，何谓其雅，主人不善，何谓其善，所以，构建雅舍除追求书房器物之雅外更要依赖主人的文气与朴雅。唐代刘禹锡在《陋室铭》中所言极是："山不在高，有仙则名；水不在深，有龙则灵。斯是陋室，惟吾德馨。苔痕上阶绿，草色入帘青。谈笑有鸿儒，往来无白丁。可以调素琴，阅金经。无丝竹之乱耳，无案牍之劳形。南阳诸葛庐，西蜀子云亭。孔子云：'何陋之有？'"。

精工良作，才子佳人

"江南第一风流才子"唐寅（1470—1523），字子畏、伯虎，号六如居士，吴县人，与文徵明同年。唐寅出生在商人家庭，从小接触社会，养成开放、热情的性格。29岁时赴南京乡试得第一，常以之为荣事。但因结伴同乡徐经赴京考试行贿买题事发，连累唐寅，饱受折辱，从此与官场绝了缘分，于是放纵和沉迷于繁华都市的声色之乐，借狂放不羁之行为来释放其心中的积郁。

唐寅凭着自己书法与文学的扎实功底，将吴门画家诸家之长融于一炉，将文人画的长处发挥得淋漓尽致。既有很强的造型能力，又讲究笔墨情趣，既从造化中来，又表现主观的感觉和笔墨的蕴藉，真正做到雅俗共赏、独树一帜。他在文人云集的商业都市苏州的生活环境中表现得游刃有余，将旧题材画出新意境，使文人画既画出了不食人间烟火、托物寓情的傲气，又融入世俗生活和商业都市的万象之中。

唐伯虎一生可谓坎坷，饱经风霜，是一位看透世情的"六如居士"，是一位"诗、书、画"皆精的旷世才子。大家熟悉的是他的书画，其实，他也是一个语言优美而伤感的诗人。除此之外，我们还可以说他是一位明式家具的设计大师。

处在封建社会后期的明朝，文人这一群体的处境确实很微妙。在入世与出世之间的徘徊和煎熬，迫使他们一旦在政治道路上不得志，便竭力要把自己的思想和才能寻求其他通道来表现。这种表现有出于无奈的，因为"天生我材必有用"，这个搞不成就搞那个；但也有的是出于这些文化人骨子里的底蕴和深爱，不管在何种情况下，就是喜爱，就是追求，就是要做到极致，由此表现出自己的个性。如果说前一种还有些是另找出路的话，那后一种就完全是主动呈现了。固然，这两者没有很明显的分野，但有着明确的主观倾向性。基于对生命所持根本且现实的认识，使得他们在对生活美的发现、创造和享受中，较主动地创建了对美的自然追求、并充分利用自己的文化底蕴的新的艺术创作平台。

生活在桃花坞桃花丛中的唐解元充满着对生命中美的追求和创造，又是浸泡在人间天堂的水乡姑苏城中，所以他是不安"本分"的，哪怕就是在重画古代画作的过程里，也要来表现一番了。

相传为五代顾闳中所画的《韩熙载夜宴图》描述的是当时的大臣韩熙载从北方归南唐，因其才识过人，唐后主想用他抗宋，但又心存疑虑，韩熙载深知后主之心，既不愿意承担失败的责任，又显示自己毫无野心，就在家夜夜宴饮，纵情声色，以保全自己。后主派著名人物画家、翰林待诏顾闳中潜入韩熙载府第，目识心记，绘成画图呈阅。

韩熙载何许人也？《韩熙载夜宴图》又说明了什么？唐末，国力衰败，各地纷纷割据，形成"五代十国"的分裂状况。南唐，在当时处江南一带，物产丰富、战乱较少，并依靠淮盐和徽茶的利益充实国库，可以说是相当富足。先主李昇、中主李璟和后主李煜都是"风流绝代"的词人，但又是无力治国的君主。在北方大军的压力下，一面奉送淮北盐物财源，一面俯首称臣。而内部，却相互倾轧，相互猜疑，矛盾十分尖锐。此时，山东青州少年进士韩熙载，因父亲韩嗣被北方外族所杀，便扮作商人，投奔南唐吴地。先主李昇为表示礼贤下士，便收容了韩熙载。当时韩熙载投奔江南的初衷是替死去的父亲报仇，打回中原去。韩熙载才华横溢，"书命典雅，有元和之风"，在南唐统治阶层中受到排挤。韩熙载面对"输了一半"的南唐，和无力回天的后主——即写出"问君能有几多愁，恰似一江春水向东流"词句的李煜，觉得自己"长驱以定中原"的雄心化为泡影。韩熙载投靠南唐无所作为，想回北方，又不受欢迎，就表现得更为疏狂放荡。有史书记载，他"家无余财"全为自己挥霍享用，单养女乐工就达四十多人。韩熙载常常拿着一把独弦琴，到歌姬住的院子弹唱为乐。他的朋友问韩熙载为何如此纵情声色，韩熙载回答："是为了躲开皇帝要我做宰相。"据《五代史》上说，李煜多次想用韩熙载做宰相，但又觉得他整日沉湎于荒唐的宴乐实在不够条件。为此，李煜特派了身边的待诏顾闳中等到韩熙载的家里，窥其樽俎灯酒间，到底在干些什么。

不管《韩熙载夜宴图》创作目的如何，但画的艺术水准和绘画表现手法是极高的。北京奥运会期间，我有机会在故宫武英殿再次观看了展出的《韩熙载夜宴图》，其风采依然。这一幅画可分为五段，展现了韩熙载夜宴的整个景况。从宴后教坊副使李嘉明的妹妹正在弹奏琵琶开始，宴乐开始，围观的主宾全神贯注，通过形象大小和色彩的区别，映衬韩熙载的主人地位；接着是宴舞，韩熙载为舞"六幺"的歌伎王屋山击鼓，女子应拍起舞的身姿，观者或击掌、或打板，反映了紧扣音乐节奏舞蹈的过程。至宴会时，琵琶收起，韩熙载坐在床边洗手，显得醉后困倦之状。接着，韩熙载更换衣服，敞胸露肚，与舞伎、歌女谈话，似小憩而起，而击板者与六位吹奏管乐者正齐奏宴乐。最后为曲终，宴散人去，宾客之间依依惜别。韩熙载右手拿着鼓槌，左臂挥手致意，俨然是整个夜宴的主人。画卷虽分五个部分，但相互之间联系自然、节奏自如、协调完整，主宾之间、歌舞伎之间、表演者和观众之间的关系一目了然，交代清楚，充分表现了主人韩熙载士大夫的气宇不凡但略带懒散的神态，不经意的外表反映了内心的复杂活动，通过音乐和手、眼的呼应，使主人进入空冥散淡的境界。为了突出主题，作者在人物的处理上为画面的主题和效果服务，突出主人翁，其他宾主、歌伎画得较少。在床、椅、屏风、乐器等物件之处理上，手法简练，巧妙地起到了画面分段和情况布置的作用。应该说此画将人物造型、情节表达和主人翁的复杂心境表现得极为传神、生动，是一幅不可多得的具有深刻主题思想和杰出艺术成就的古代人物画，为历代文人墨客所顶礼膜拜，有不少人临画描摹。

众所周知，凡临前人画卷都是一招一式忠于原作。然唐寅所临《韩熙载夜宴图》，却是他在"忠于原作、不失神采笔踪"的前提下，作了适当改动，以自己的才情对原作进行了再创作，真可谓锦上添花，既保持了原画主题，又增强了原作的艺术感染力。

唐寅在改动过程中，最夺人眼球的是在他的再创作中对画中家具进行了重新布置，增绘了不少家具，充分表现了唐寅对家具设计、创意的非凡才能，也折射出在唐寅所处的时代——明代繁华都市的知识分子、士大夫阶级对苏州明式家具的推崇达到了无以复加的程度，连唐寅临摹古画都敢于"画蛇添足"了，以至于把他心中的"明式"家具都添置在所临的古代名画之中。

在"宴后"段落中唐寅增绘了一个大折屏，屏的左方加绘了一张方桌，屏的右方加绘了一个座屏，使画面比原画的可视性更强、更有生活味道。

"宴乐"段落中没有增添家具，但条案的枨子明显作了变化，显得苏州"味儿"更浓，家具的文人气质明显带有明式家具特征。

在"宴舞"段的画面中，唐寅在画中主人翁的身后加绘了一张条案和一小插屏，在长案后加绘了长桌，并在其右下方增绘了一前屏，使家具与画中主人相互生辉，主人翁形象更加生动。

"小憩"段的画面，唐寅增绘了折屏、座屏和月牙凳，画面生活气息浓厚。"闻笛"段，加了大折屏和锦缎前障。"曲终"后又加了两座折屏和一张桌、一张斑竹架子床，使得画面的造型别致、人物栩栩如生，韩熙载独自沉思的情状跃然纸上。在这段画面中唐寅所绘的斑竹架子床，造型简练、比例匀称，是精心设计和加画的家具精品。再如"宴乐"中的椅子，唐寅将原作椅下的双枨移至上端并改成单枨，于细微处表现出其个人对家具制作工艺的谙熟于心和极高的审美情趣。

　　唐寅在整卷画的临摹再创作中，除原作中二十多件家具外，又根据自己对苏州明式家具的爱好、独具匠心地增绘了二十多件家具，种类涉及桌、案、凳、屏等，仅凳就有方凳、腰凳、绣墩；屏有座屏、折屏和前障，且陈设适宜、布局合理。不仅起到了对原作的烘托作用，而且充分反映了唐寅对明式家具款式、布局的体察入微、熟知有素。据史书记载，唐寅对家具用材和家具材质的色泽也十分讲究，曾记载有关于"柘木椅用粉檀子土黄烟墨合"的色彩标准。柘木，是属桑树类，材质密致坚韧，近似粟壳色，沉着而不艳丽，明泽而不灰暗。可见他对家具色相的考究程度。作为画家、文学艺术家又对家具制作工艺如此独具匠心，这在中国绘画史上是罕见的。

　　艺术是相通的，但这需要有一根"红线"将其串连，才会融会贯通，相得益彰。对生活的热爱，对美的发现、创造和鉴赏，综合反映了唐寅这样的文人的情怀。这是一种积极的也比较纯真的精神面貌，由此透露出其文人的品格。文人情怀是通过精神来体现、以品格作为支撑的。由于这根红线的串连，不同门类的艺术创作在他们的调制中水乳交融，溢焕异彩。

　　唐寅在他创作的《琴棋书画人物屏》中，通过描写明代文人的书斋，全景式地展现了明代文人的生活环境、居室陈列。画中所描画的屏风、斑竹椅、香几、榻等三十余种各式明式家具，不仅反映了明代文化人对家具的爱好程度，同时也将唐寅在家具设计、构造方面的才华表现得淋漓尽致。

画家在他们的画作中绘上家具，原本是画作内容的需要，画家创作的初衷并无为家具作史志的意图。但恰恰是这些画作，给我们留下了不少家具史资料。

由于各种原因，明清以前的家具流传下来的实物甚少，有的只是明器，因此这些出现在宋代绘画中的家具信息就弥足珍贵，我们也因此能够发现明式家具与宋元家具之间的继承关系。

在存世的宋画中，出现了许多家具，例如：

交椅。宋画《蕉荫击球图》中出现。

藤墩。宋画《五学士图》中出现。

高桌、方凳。南宋马远《西园雅集》中出现。

榻和足承。宋画《槐荫消夏图》中出现。

圈椅。南宋刘松年《会昌九老图》中出现。

桌、凳。宋张择端《清明上河图》中出现。

榻、长方桌、扶手椅、方凳。宋《十八学士图》中出现。

课桌、椅、凳，宋画《村童闹学图》中出现。

此外，在河南禹县宋墓还出土有灯挂椅（明器）

在明代，苏作家具已成为宫廷及达官贵人使用的奢侈品。苏作明式家具沿大运河北上运至通县，然后抵达宫廷及达官贵人的宅院。明代大运河的漕运是国家经济的命脉，过关过卡导致运价抬升，因此苏作的黄花梨家具运达北京后会价格奇昂。据资料记载，一对黄花梨的面条柜，几乎要费千两白银，相当于当时一座四合院的价钱。苏作家具在当时如此地受人推崇，难怪乎在描绘文人精雅生活的场面时会时常出现。

明式家具何以在中国家具史上独步巅峰呢？其传承与发展，是否有规律可循？明式家具达到的工艺及艺术高度，是否与文人的审美有着确切的关系？这是我们关注才子佳人与明式家具的目的所在。

宋代是我国家具史上的重要转折时期，席地而坐在此转变为垂足而坐。高型坐具随着垂足坐的习俗，影响渐渐深入和扩大。宋代，高型家具得到了极大发展，不仅仅是椅、凳等高型坐具，其他如高桌、高几等品种也不断丰富。

宋代家具与唐代家具所欣赏的浑圆厚重不同，在造型结构上发生了显著的变化。首先是梁柱式的框架结构代替了隋唐流行的箱形壶门结构。其次，装饰性的线脚大量地出现，此外，桌面出现了束腰，足除了方形和圆形以外，还出现了马蹄形。这样，就完成了化圆为方、方中又不失圆润的线形架构，这种简素空灵之气，直接影响到了明式家具的制作。

到了元代，家具的功能与线条出现了新的发展。一是罗锅枨的大量应用。在山西洪洞广胜寺元代壁画上出现了罗锅枨桌子，这是有关罗锅枨较早的记录。其次是出现了霸王枨。在元人所绘《消夏图》中的一张高桌下出现了与明代流行的霸王枨极为相似的构件。

从唐宋家具到明式家具的这一线型变化，也能从书法的结体及线型的发展中得到印证，而书法，历来是文人阶层的基本素养，从中我们不难得到异质同构的中国艺术发展规律。

我们不难发现，明式家具这种矩形体方中带圆的线型结构，与端庄柔韧的小篆十分接近。

中国文字从甲骨到大篆，再到小篆，然后分别向隶、草、楷发展。从形态结构上讲，与家具形态最为相近的是大篆与小篆。而从大篆到小篆，再到隶书，其线条是经历了由圆而方的转变过程。从石鼓文、金文到斯篆再到隶书，可以清晰地发现这一线条及结构的转变过程。其中的小篆，恰恰是结体匀称、方中带圆的代表。

家具虽然是一种立体三维的用具，但在其多面构图中，正视图是结构的重要块面。我们从唐宋家具正视图线条由圆而方的转变中，可以发现这一审美的变化。

虽然这一审美的变化并不可能与汉字形体的发展完全对应，但仍能反映出审美历史的大致走向。

明式家具继承了宋元家具的优秀传统，达到了中国家具制造的巅峰。处于这样的家具制作巅峰时代的唐寅，自然与当时的家具关系密切。在摹画"夜宴图"时，他不仅将原画中的古代家具加以改造，同时还添进了不少明代家具，这不但显示了他对家具的熟悉程度与喜爱程度，同时也显示出文人对世俗生活的眷恋与依赖，体现了十足的"市隐"心态。

从画面上讲，唐寅增设家具本身是继承了宋代绘画对生活情趣细致描摹的传统，同时也体现出他对原作的批评。这种批评通过他的再创作传达给我们：原作以宴乐歌舞为中心，而家具等居室空间所必备的内容表现得不够完整，为了弥补这一缺憾，唐寅似乎将夜宴改为了午宴，把夜宴中看着不完整的家具来了一个印象式的大曝光。我们不妨这么认为，这或许就是唐寅对他所经历的盛宴生活的借题还原，这种奢华的场面在写实的手法下传递着盛宴进行的信息，与明代的享乐风气十分吻合。唐寅刻意增加的东西，正是他个人的审美需要。

这种审美需要，与当时苏州地区高度发展的文化艺术环境有着密切的关系。明代绘画史上著名的吴门画派的代表人物沈周、文徵明、仇英和唐寅都曾在苏州生活过很长时间。

当时云集在苏州的文人对家具的钟情确实是空前的，如与唐寅齐名的明四家之一的仇英仇十洲，对家具也情有独钟。仇英人物仕女画代表力作之一《汉宫春晓图》所描绘的是汉时宫廷的嫔妃生活场景，众所周知，汉朝仍处于席地而坐的时期，时人所用的家具也都是低矮家具。但画中所展示的景物，特别是家具是典型的明式家具。如画中"演乐"段中的明式高型条桌，画家描摹得极为精致、惟妙惟肖。

明四家之一文徵明曾孙文震亨是明代大学士，其所著的《长物志》中记有一件具有保健功能的家具滚凳，用乌木做成、长二尺宽六寸，用四程镶成，中间有一竖挡，一般为文人书房中在书案下所用，用脚踏轴，来回运作可起活血化瘀的功效，至今仍然沿用。

与其他朝代相比，从唐寅、仇英、文震亨等文人雅士对家具的关注与参与程度，可谓到了一个登峰造极的地步。文人关注家具、参与家具设计的先例自汉朝以来时有所见，但大都属零星、琐碎，并没有对家具的制作产生很大的影响。而明代文人在这方面是最为活跃和最为集中的。其参与家具设计之多、阐述家具理论之深刻是任何一个朝代都不能比拟的。而且，这还不是个别的现象，而是一个群体现象。

另外，从明式家具的种类上，可以发现许多家具与爱好书画的文人有关，或者说许多家具是文人专用的家具。这些家具，是文人精神生活、艺术活动所必须依赖的物质世界。

明代北京提督工部御匠司司正午荣曾经汇编过一本《鲁班经》，是属于明朝官方编汇的木工经典。这本书中的家具部分收入了三十多种家具，其中的交椅、学士灯挂椅、禅椅、琴椅、脚凳、一字桌、圆桌、棋盘桌、屏、几、花架等等正是出现在明代文人绘画中的文人生活必备的家具品种。

除了这些家具，再加上书画用的画案、展读长卷的翘头几，以及放置尊彝等青铜器的台几（《长物志》）、书房中安放香炉的香几及安置熏炉、香盒、书卷的靠几（《遵生八笺》）、"列炉焚香置瓶插花以供清赏"的叠桌（《游具雅编》）、"可容万卷，愈阔愈古"的藏书橱和"以置古铜玉小器为宜"的小橱（《长物志》）、"坐卧依凭，无不便适，燕衎之暇，以之展经史，阅书画，陈鼎彝，罗肴核，施枕簟，何施不可"的几榻（《长物志》）、轻便易于搬动可"醉卧偃仰观书并花下卧赏"的藤竹"靠床"（《遵生八笺》）。这些家具品种的设计与改造，或多或少是基于文人特殊的使用需求。只要这一需求存在，便会对家具的制作进行干预。宋代被称为是中国古代文化的极致，"华夏民族之文化，历数千载之演进，造极于赵宋之世。"（陈寅恪语），有史可考的文人参与家具制作实例也出于宋代。假托为北宋文人黄伯思所著、成书于南宋绍熙五年（1194）的《燕几图》，是中国第一本关于家具设计的专著。在这本书里，作者设计了一组可搭配成不同台型的桌子，堪称现代组合家具的鼻祖。这组桌子共能变化为二十五种体、七十六种格局。每种格局均有名称，如"屏山"、"回文"、"瑶池"等，在布局的空白处摆上烛台、香几，则形成不同的空间，体现了文人风雅生活对家具组合的创意。

而明代文人参与家具设计的实例，就更为丰富了。

明代常熟画家戈汕于万历丁巳年（1617）著有《蝶几图》，设计了一组"随意增损，聚散咸宜"、可按需要随意搭配为多种组合的桌子，类似儿童的七巧板，可得出八大类、一百三十多种格局，以适应文人集会时的多种需要。

与之类似的是无名氏所作《匡几图》，虽无年代可考但有异曲同工之妙。其设计形如博古架，各种大小的矩体结于一体，空间疏密有致，板材虽薄但榫卯精密。巧妙处在于拆卸之后所有匡板正好匡匡相套集于一匣。

对于这三种"几"，学者朱启钤认为："燕几用方体以平直胜，纵之横之，宜于大厦深堂；蝶几用三角形以折叠胜，犄之角之，宜于曲栏斗室；匡几以委宛胜，小之可入巾箱，广之可庋万卷，若置于燕几之上，蝶几之旁，又可罗古器供博览，卷之舒之无不如意，三者合而功用益宏。"

此外，以《玉簪记》闻名的明代戏曲家高濂在《遵生八笺》中设计了冬夏两用的"二宜床"，此床"四时插花，人作花伴，清芬满床，卧之神爽意快"。

明代戏曲家、文学家屠隆在他所著《考槃余事》中收入了几种专为郊游设计的轻便家具如叠桌和衣匣、提盒等用具，还设计了一种竹木制作的榻，"置于高斋，可作午睡，梦寐中如在潇湘洞庭之野"。

明代戏曲家李渔在他的《闲情偶记》中设计了凉杌和暖椅。凉杌的杌面是空的，内设空匣，"先汲凉水贮杌内，以瓦盖之，务使下面着水，其冷如冰，热复换水……"，可降低室内气温，如同空调。暖椅则是一张经改造的书台，桌底设一抽屉，可烧木炭，四面围合后一半身体可纳于桌内取暖，桌面也能保持暖和，冬日使用，不至于受寒，而且费炭极少。"此椅之妙，全在安抽替（屉）于脚栅之下。只此一物，御尽奇寒，使五官四肢均受其利而弗觉。"而且便于外出使用，只需加几根横杠，便可抬了就走。

琴桌也是文房家具的一类。明代《格古要论》的作者曹明仲认为琴桌"须用维摩样……桌面用郭公砖最佳……如用木桌，须用坚木，厚一寸许则好，再三加灰漆，以黑光为妙。"今人陈梦家原藏的一张明代琴桌，桌体暗藏共鸣箱，箱内还设计有共振弹簧，以利古琴发声，这种设计且不论是否有共鸣效果，也充分体现出明代文人对文房家具的特殊要求以及参与设计的热情。

也正是有如此众多的文人踊跃地参与家具的设计制作，为明代家具的形成和中国家具艺术的辉煌成就注入了强大的生命力。

笔者曾去苏州参观由美国著名建筑大师贝聿铭设计的苏州博物馆，其中有一个展室专门介绍苏州的明式家具，是根据文徵明后人晚明大学士文震亨的经典著作《长物志》对明代读书人书房用具所作的描摹而陈列的。文震亨认为，读书人用的书桌，"中心取阔大、四周镶边，阔仅半寸许、足稍矮而细，则其制自古。凡狭长混角诸俗式，皆不可用，漆者犹俗"。又如椅子，以"木镶大理石者，最称贵重"，且宜矮不宜高，宜阔不宜狭。至于材料，以花梨、铁梨、香柳为佳。而几榻则"坐卧依凭、无所不适，燕衎之暇，以之展经史、阅书画、陈鼎彝、罗肴核、施枕簟，何施不可"。这是何等的消闲安逸，呈现出十足的雅士气派。但苏州博物馆所展示家具全为新作，依葫芦画瓢按书中所云加以展示，没有一点古意，根本不能与上海博物馆家具厅展览的王世襄、朱家溍所藏家具相比，实为遗憾！

明时苏州，为全国最繁荣、手工业最发达、优秀工匠最集中的地方。明张岱《陶庵梦忆》记载："吴中绝技，陆子冈之治玉，鲍天成之治犀，周柱之治嵌镶，赵良璧之治梳，朱碧山之治金银，马勋、荷叶李之治扇，张寄修之治琴，范昆白之治三弦子，俱可上下百年，保无敌手"。就家具而言，苏州制造花梨家具和红木小件的一代名匠就有江春波、鲍天成、邬四、袁有竹等人，可谓是天下良工尽在吴中。苏制明式家具影响全国，连北京紫禁城也关注吴地苏州花梨家具。更为令人称奇的是，在明代苏州，有一大批文化名人在倦于科举、失意官场、优游山林之时，又热衷于家具工艺的研究和家具审美情趣的探求。他们在玩赏收藏、著书绘画之余，在盘亘于崇尚简约、疏朗、雅致、天然的苏州私家庭园之际，在观赏优美、典雅、悦耳的昆剧艺术之时，又积极参与家具的设计和制作，并将文人内心的审美影像物质化，赋予园林居室、家具陈设以文人的气息特质。他们所做的家具，常常借物抒情，把起居使用的家具当成端砚来雕刻、当成田黄来铭记、当成宣纸来书写。明时文人墨客在苏式家具上寄托才情、抒发胸臆，上文所述的唐寅、仇英、文震亨就是典型的代表人物。

这真是天时、地利、人和造就的结果。对生活的热爱和对艺术的钟情，将世俗与高雅通过人最本质的需求结合在一起，实用性与艺术性完美地相融，意象和实象由文人情怀、情意款款连结，艺术的泛化达到了那么顺畅的展开和结果！

除此之外，还可以从现在流传下来的古典家具珍品中看出当时文人骚客的遗风旧迹。现藏于故宫博物院的"流云槎"是一件闻名遐迩的天然木家具，是明弘治间状元、以善音乐闻名的康海故物，原藏于扬州康山草堂，因赵宧光题"流云"而得名。董其昌、陈继儒又先后题铭，董其昌云"散木无文章，直木忌先伐……"，陈继儒题曰："搜土骨，剔松皮。九苞九地，藏将翱将。翔书云乡，瑞星化木告吉祥。"因此名震海内外。

再如文徵明的弟子周天球，有一把紫檀椅子，《清仪阁杂咏》中记载为"周公瑕坐具，紫檀木，通高三尺二寸，纵一尺三寸，横一尺五寸八分，倚板镌：无事此静坐，一日如两日，若活七十年，便是百四十。戊辰冬日周天球书。印二，一曰周公瑕氏，一曰止园居士。"

祝枝山、文徵明在椅背上书写诗文的两把官帽椅也是存世的实物。其中一把的条板上刻有"是日也，天朗气清，惠风和畅……暂得于己，快然自足"约百字。落款"丙戌十月望日书，枝山樵人祝允明"，具印为"祝允明印"、"希哲"。另一具条板上为文徵明所书"有门无剥啄，松影参差禽声上下煮苦茗之。弄笔窗间，随大小作数十字、展所藏法帖笔迹画卷纵观之"四十字，落款"徵明"，两印一为"文明印"，一为"衡山"。

现藏于宁波天一阁的一对长案之石桌面上，也刻有吴地顾大典、莫是龙、张风翼等人题记多处，云："数笔元晖水墨痕，眼前历历五洲村。云山烟树模糊里，梦魂经行古石门"，"群山出没白云中，烟树参差淡又浓。真意无穷看不厌，天边似有两三峰"，"云过郊区曙色分，乱山元气碧氤氲。白云满案从舒卷，难道不堪持寄君"。

明代著名藏家项子京制作并使用过的黄花梨几案曾在《汇古通今——金石家书画铭刻作品大展》（上海龙美术

馆）亮相。这是一件重量级展品明代"黄花梨十字枨方案"。乾隆乙卯年间，被清代著名金石学家张廷济收藏，张廷济撰铭文、他的族兄张燕昌将铭文书并刻于桌腿，至近代，几案归无锡秦清曾收藏。

项元汴（1525—1590），字子京，号墨林，别号墨林山人、墨林居士、香严居士、退密庵主人、退密斋主人、惠泉山樵、墨林嫩叟、鸳鸯湖长、漆园傲吏等，浙江嘉兴人。明国子生，为项忠后裔，为明代著名鉴藏家。少即英敏，博雅好古，绝意仕进。当时风雅之士来嘉兴，必访项元汴，名画家文彭、文嘉（文徵明之子）等与项元汴交往尤密。

项元汴家资富饶，广收法书名画，所藏法书、名画以及鼎彝玉石，储藏之丰，甲于海内，"极一时之盛"。项氏曾获一古琴，上刻"天籁"两字，故将其储藏之所取名天籁阁，并镌有天籁阁、项墨林等印，经其所藏历代书画珍品，多以"天籁阁"等诸印记识之，往往满纸满幅。项精于鉴赏，辨别真赝，析及毫发，当时无人可比。又曾遴选能工巧匠制作各种器具，凡几榻架柜奁盒等，镌以铭识，都极精巧，如同秦汉之物。明万历年间，神宗朱翊钧闻其名，特赐玺书征他出来做官，不赴任。

不管上述几例历代文人题写或制作家具是否得到考

证，但当时文人喜欢在紫砂壶、明式家具上题诗画并铭刻确实有案可查，并时有佳话流传。我们从那些明代文人学者的作品中，从唐寅、仇英等人的绘画中以及从明以来的古籍刻本的插图中，处处能见到文人墨客对明式家具作出的杰出贡献，并可从中体会出他们借此而抒发的文人情怀。直至今日，仍有不少文人学者好之。如著名书画家吴昌硕在其喜爱的红木插角屏背椅背上以大篆题铭"达人有作，振此颓风"，如著名画家唐云、陆俨少、红学家冯其庸等喜欢在宜兴紫砂茶壶上题诗铭句，使紫砂壶身价倍增。又如王世襄《锦灰二堆·壹卷》中"案铭三则"就记录了王世襄先生为画案作铭之事，并云"拙作三铭，乃游戏之作，原无足称道。今得以墨拓博得读者一哂，似略具古趣，视手书为胜。"此举可视为旧时文人遗风，风雅之举为时人称道，为后学者羡慕不已。

后记

　　丁酉年春节前，江苏凤凰文艺出版社的编辑，与我签约出版一部明式家具极简史读本，即《天工文质——明式家具美器之道说略》。实话实说我不是这方面的专家，仅是对明式家具感兴趣而已。曾经出版过两本关于明式家具的小册子，与从事明式家具收藏研究的前辈专家相差甚远，写作此书更觉才疏学浅，如履薄冰，战战兢兢。

　　明式家具的研究和收藏，最初是由海外人士所推动，1944年德国人艾克先生出版了第一部关于明式家具的专著《中国花梨家具图考》；1984年王世襄先生的专著《明式家具珍萃》为香港三联书店出版社出版发行，相继在海内外引起广泛关注，掀起了收藏和研究明式家具的波澜。随着中国改革开放和社会经济发展，明式家具收藏与交易规模与日俱增，爱好者之众，糜费之巨，远远超过人们的预料。如今，不要说一件老黄花梨明式家具难觅，就是黄花梨原木也几近绝迹。几十年来，明式家具身价百倍，其命运际遇变化之大着实令人惊叹不已！

长期以来，明式家具研究的前辈们在明式家具的类型、结构、工艺、人文等方面研究均有建树。而明式家具研究者们在其功能工艺、人文艺术的关联上颇有争议。有关明式家具的各式图册、各类文章、各种研讨会等名目繁多，可谓五花八门，眼花缭乱。一门当初的冷僻之学突然间走红，究其原因是多方面的。着手撰写此书，本着科学求实的态度，以明清文化和社会经济史为背景，力求从多视角剖析和研究明式家具，梳理自己以往对明式家具研究的思考，借鉴吸取前贤及国内外专家学者的研究成果，并系统地对"明式家具"美器之道作一番研究和解读。明式家具是功能、工艺的制作佳构，是艺术、人文的最美载体。明式家具是工艺与人文，功能与材质，形式和内容的完美统一。明式家具是业界公认的传统经典美器，写作此书确是一项有意义的事。全书由十三个篇章组成，约十余万字，配以若干插图，试图为明式家具爱好者和研究者提供一个简约和清晰的路径。因时间仓促，加之水平有限，偏颇不当之处，敬请读者谅解！

2017 年夏于味绿居南窗

附　图版目录

P206　宋扬　《长物绘·炉香乍爇》100cm×40cm 纸本 2017 年

P220　宋扬　《长物绘·竹里馆》70cm×34cm 纸本 2018 年

P226　宋扬　《止园·漫漫》98cm×35cm 纸本 2017 年

P258　四出头攒靠背官帽椅

四出头攒靠背官帽椅

图书在版编目（CIP）数据

天工文质：明式家具美器之道说略 / 严克勤著. —
南京：江苏凤凰文艺出版社，2019.7
ISBN 978 - 7 - 5594 - 3102 - 8

Ⅰ. ①天… Ⅱ. ①严… Ⅲ. ①家具－鉴赏－中国－明
代 Ⅳ. ①TS666.204.8

中国版本图书馆 CIP 数据核字(2018)第 284001 号

天工文质：明式家具美器之道说略

严克勤　著

出 版 人　张在健

责任编辑　李　黎

责任印制　刘　巍

出版发行　江苏凤凰文艺出版社

　　　　　南京市中央路 165 号，邮编:210009

网　　址　http://www.jswenyi.com

印　　刷　苏州越洋印刷有限公司

开　　本　880×1230 毫米　1/32

印　　张　8.25

字　　数　155 千字

版　　次　2019 年 7 月第 1 版　2019 年 7 月第 1 次印刷

书　　号　ISBN 978 - 7 - 5594 - 3102 - 8

定　　价　59.00 元

江苏凤凰文艺版图书凡印刷、装订错误可随时向承印厂调换